35~750kV 变电站

防火设计与工程应用

国网江苏省电力有限公司经济技术研究院　编著

中国电力出版社
CHINA ELECTRIC POWER PRESS

内 容 提 要

本书以现行变电站建设消防技术标准（包括国家标准、行业标准中的防火技术规定）为主线，从变电站防火设计的基本理论概念出发，由浅入深地对变电站站址规划与布局、建（构）筑物防火设计、防烟排烟及暖通空调、消防给水及灭火设施、火灾自动报警系统、消防应急照明及疏散指示系统等方面设计中如何遵循有关技术原则并采取合理的技术措施，做了较为详细的讲解；对相近规范的规定做了较为直观的比对和归纳。

本书可供变电站设计、工程管理和消防安全管理人员业务参考，也可作为专业院校的教学参考书。

图书在版编目（CIP）数据

35~750kV 变电站防火设计与工程应用 / 国网江苏省
电力有限公司经济技术研究院编著 . -- 北京：中国电力
出版社，2025. 8. -- ISBN 978-7-5198-9898-4

Ⅰ . TM63

中国国家版本馆 CIP 数据核字第 2025QF2334 号

出版发行：中国电力出版社
地　　址：北京市东城区北京站西街 19 号（邮政编码 100005）
网　　址：http：//www.cepp.sgcc.com.cn
责任编辑：王冠一（010-63412726）　柳　璐
责任校对：黄　蓓　常燕昆
装帧设计：王红柳
责任印制：钱兴根

印　　刷：三河市万龙印装有限公司
版　　次：2025 年 8 月第一版
印　　次：2025 年 8 月北京第一次印刷
开　　本：710 毫米 ×1000 毫米　16 开本
印　　张：14.5　插页：1
字　　数：265 千字
定　　价：85.00 元

编 委 会

前　言

变电站作为至关重要的生命线工程，其内部设备众多，一旦发生火灾，将严重威胁电网的稳定运行，给社会造成巨大的损失。据统计，我国近 20 年来变压器火灾年发生概率为 0.01%~0.03%，国外变压器火灾发生概率为 0.04%~0.25%。随着我国变电站监控系统网络化、集成化和智慧化技术改革的实施，以及各种火灾防控技术的推广使用，变电站火灾爆炸事故呈下降趋势，但整体来说，变电站火灾爆炸事故仍有发生，我国变电站火灾防控仍然面临着严峻的形势，特大事故尚未得到有效遏制。

我国的消防工作方针是"预防为主、防消结合"。合理的变电站防火设计是体现"预防为主、防消结合"理论的一个重要方面，也是预防变电站火灾、减少火灾灾害的根本途径之一。《中华人民共和国消防法》规定："建设工程的消防设计、施工必须符合国家工程建设消防技术标准。建设、设计、施工、工程监理等单位依法对建设工程的消防设计、施工质量负责。"

对于设计人员，设计时最重要的是要严格遵循技术标准来设计工程，这样才可确保变电站在发生火灾时最大限度地减少各类损失。在实际工程中，电力行业中符合变电站工程自身特点的防火设计技术标准规定与民用建筑类消防技术标准规定存在部分差异。设计时对技术标准规定如何选用，就需要设计人员充分了解国家、行业及电网企业相关的标准规范，综合考虑来确保安全。

本书编写团队在国网江苏省电力有限公司牵头组织下，结合国家法律法规要求，汇集国家、行业及电网企业相关的标准规范，从利于变电站建设、运行和确保安全的角度，总结和吸取行业内外的火灾教训及防控经验，针对实际设计中遇到的疑难问题，深入学习理解相关规范内涵，探索适当的技术对策。

本书的编写工作得到了中国电力企业联合会、电力规划设计总院有限公司和应急管理部天津消防研究所等单位的大力支持，在此表示衷心感谢！

由于编者的经验和水平有限，书中难免有疏漏和不足，恳请广大读者给予批评指正。

编　者
2025 年 8 月

目　录
CONTENTS

第 **1** 章

变电站消防技术
发展概述

变电站作为电力系统的核心枢纽，承担着电压变换与电能分配的关键任务，其安全运行直接关系到电网稳定与社会经济发展。本章系统介绍变电站的功能定位、分类及主要设备，梳理从传统被动防护到智能监测的消防技术演进历程，并罗列了相关法规与标准，为构建变电站消防安全综合管理体系提供理论支撑。

1.1 变电站简介

1.1.1 变电站功能与分类

随着经济的快速发展和科技的进步，电能已成为现代社会不可或缺的能源之一。变电站作为电力系统的重要组成部分，其功能是变换电压等级、汇集和分配电能，如图 1-1 所示。发电厂产生的电力通过高压输电线路传输到各个地区，再通过变电站将电压降低，通过配电网输送到最终用户。变电站不仅保障了电能的有效传输和分配，还对电力系统的稳定性、电能质量、能源效率以及社会经济的发展具有重要影响。因此，变电站一旦发生火灾事故，轻者影响电力传输与使用，降低电力供应能力，重者造成人身伤亡事件，同时会造成巨大的经济损失。

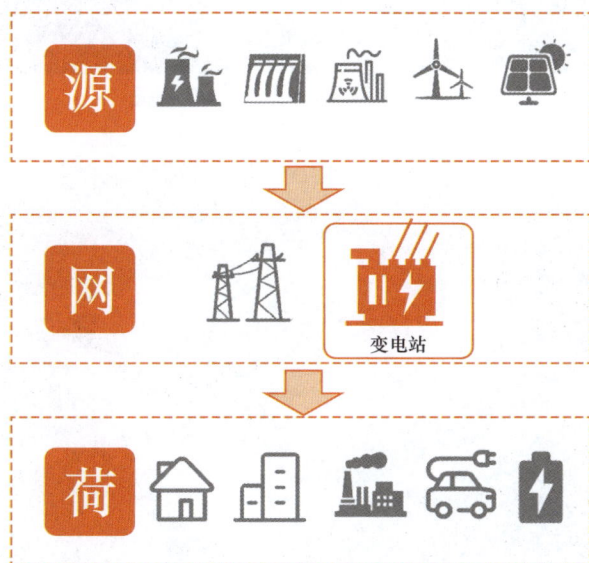

图 1-1 变电站在电力系统中作用

变电站的消防具有一些独特的特点和挑战。首先，变电站站内带油电气设备较多,如油浸变压器、油浸电抗器等,因其内部贮有大量绝缘油,一旦发生故障或操作不当易引发火灾。其次,变电站内人员较少,实现无人值班或少人值班是电力系统发展的必然趋势。一旦变电站发生火灾未及时发现,容易导致火灾事故进一步扩大,造成更大的损失,因此变电站消防自动化和智能化的要求较高。

此外,位于闹市区的变电站如发生火灾会造成较大的社会影响,位于偏远地区的变电站在火灾发生时难以迅速获得外部救援,造成损失的扩大。故变电站更需要具备较强的自救能力,如更为独立完善的消防系统等。

变电站消防主要受站内建筑形式和电气设备布置的影响,变电站分为户外变电站(简称全户外站)、半户内变电站(简称半户内站)、户内变电站(简称全户内站),如图1-2所示。

(a) 户外变电站(南通如东 500kV 变电站)

(b) 半户内变电站(南通环镇 220kV 变电站)

图1-2 变电站按布置方式分类(一)

(c) 户内变电站（扬州黄珏 110kV 变电站）

图1-2 变电站按布置方式分类（二）

1. 户外变电站（AIS、GIS 和 HGIS 补充）

户外变电站即变压器和主要高压电气设备均布置在户外，35（10）kV 设备采用户内开关柜形式布置在开关室中，各电气设备采用露天连接方式。其中，高压配电装置的型式包括空气绝缘的常规配电装置（AIS）、混合式配电装置（H-GIS）和气体绝缘全封闭配电装置（GIS）。

户外变电站布置方式最直观的特点是占地面积大，电气装置和建筑物可以充分满足各类带电距离和防火间距要求，便于巡检人员工作、改（扩）建、更换设备等。在城市化发展的新形势下，户外变电站选址矛盾凸显，如果在城市内布置，与周边环境不容易协调。由于该模式下主要电气设备均布置在户外，建筑物较少，变电站消防要求较低，其消防设计要点主要是保证主变压器消防安全。

2. 半户内变电站

半户内变电站即变压器布置在户外，其余电气设备如高压配电装置等布置在户内。半户内变电站既保证了设备的正常运行条件，又可节约一定的占地面积，易满足周边景观的需求。

半户内变电站适宜建设在经济较发达的小城镇，或者需要统筹考虑环境协调性和经济技术指标的区域，例如一些昼夜温差大、环境恶劣的地区。由于火灾危险性较高的主变压器布置于户外，相应减少了"含油设备"建筑物体积，降低了火灾消防用水量，可有效减小消防水池体积，降低变电站投资造价。

3. 户内变电站

户内变电站即将电气设备全部安装在户内。其高压设备多选用气体绝缘全封闭配电装置（GIS），设备之间多采用电缆连接方式。户内变电站减少了总占地面积，但由于站内建筑体量较大，安装、调试工作量大，施工周期长，总体造价相对户外变电站高。

户内变电站适宜建设在土地紧张的城市中心区域，或位于海岸、盐湖、化工厂及其他空气污染等级较高的地区。由于电气设备全部安装在户内，建筑火灾危险性相应提高，变电站的消防要求也较高。

1.1.2　变电站主要设备设施

一个典型的变电站通常包括以下组成部分：

（1）变电设备（一次设备）：包括变压器、断路器、隔离开关、避雷器、电抗器等直接用于生产、输送和分配电能过程的高压电气设备，用于变换、分配和控制电力。

（2）控制与保护设备（二次设备）：包括保护装置、控制装置、自动化装置等对一次设备的工作进行监测、控制、调节、保护以及为运行、维护人员提供运行工况或生产指挥信号所需的低压电气设备，用于对电力系统进行监测、控制和保护。

（3）电力系统连接设备：包括电缆、电缆沟、导线、接地装置等，用于连接各种电力设备和电缆。

（4）辅助设备：包括通信设备、照明设备、消防设备、监控设备等，用于保障变电站的正常运行和安全。

（5）建筑物和设施：包括变电站建筑物、构支架、围墙、道路、水工构筑物等，用于保护和支撑变电站内的设备和设施。

其中，变电站建筑因该站电压等级、类别、功能和地理位置的不同而有所差异，以国家电网有限公司220kV变电站通用设计方案220-A3-2（2019年版）为例（见图1-3），采用两幢楼平行布置，主变压器户外布置。其中，220kV配电装置楼，一层布置电容器室、电抗器室，二层布置GIS室，4回架空、6回电缆出线；110kV配电装置楼，一层布置10kV户内开关柜（双列布置）、接地变压器及消弧线圈成套装置，二层布置110kV GIS室、二次设备室、蓄电池室及功能用房，4回架空、8回电缆出线；各电压等级间隔层设备下放布置，公用及主变压器二次设备布置在二次设备室。

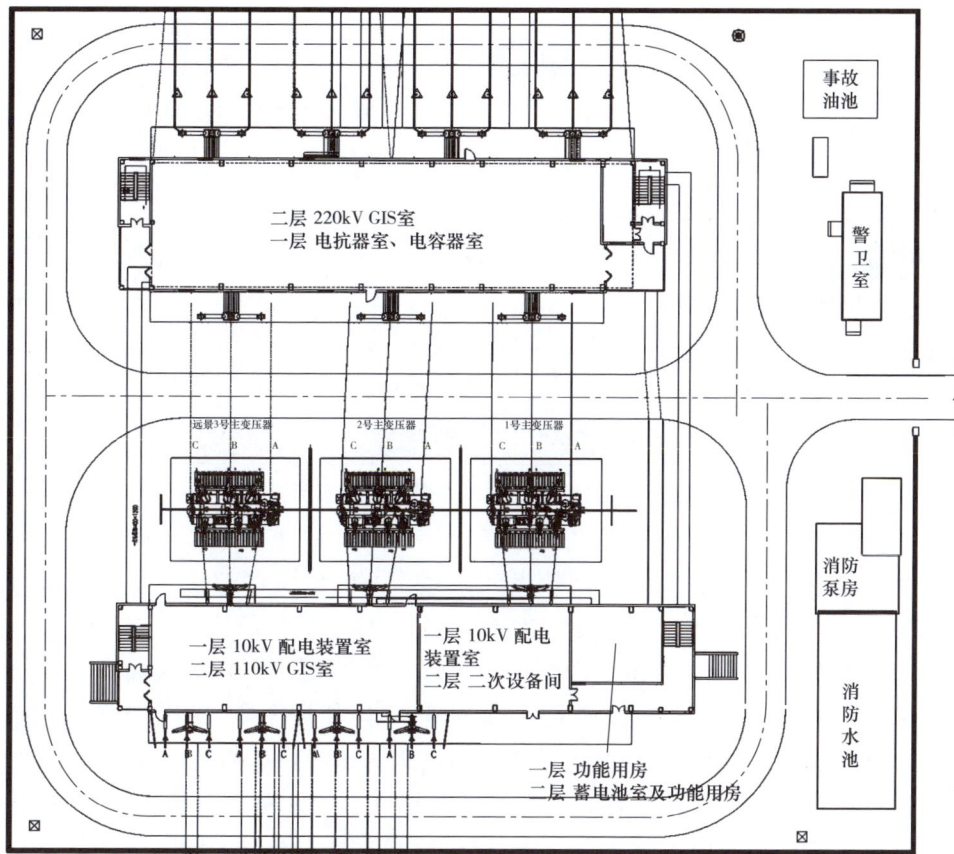

事故油池

警卫室

二层 220kV GIS室
一层 电抗器室、电容器室

远景3号主变压器 C B A
2号主变压器 C B A
1号主变压器 C B A

消防泵房

消防水池

一层 10kV 配电装置室
二层 110kV GIS室

一层 10kV 配电装置室
二层 二次设备间

A B C A B C N B C A B C

一层 功能用房
二层 蓄电池室及功能用房

图 1-3 国家电网有限公司 220-A3-2 通用设计方案总图

1.2 变电站消防技术发展历程

　　变电站消防技术的发展历程与电力系统发展同步，随着电力系统的不断发展和变电站规模的扩大，消防技术在变电站中的应用也不断得到改进与提升。在早期的变电站中，消防主要依赖于简单的灭火器材和手动报警系统，对于大规模和复杂的变电站来说，这种方式显然无法满足消防安全的需要。20 世纪80 年代中期，随着变电站规模的扩大和自动化技术的发展，变电站开始采用自动化消防系统，如自动喷水灭火系统和火灾自动报警系统，这些系统能够实现火灾的早期发现和快速响应。变压器自动灭火系统的发展历史如图 1-4 所示。

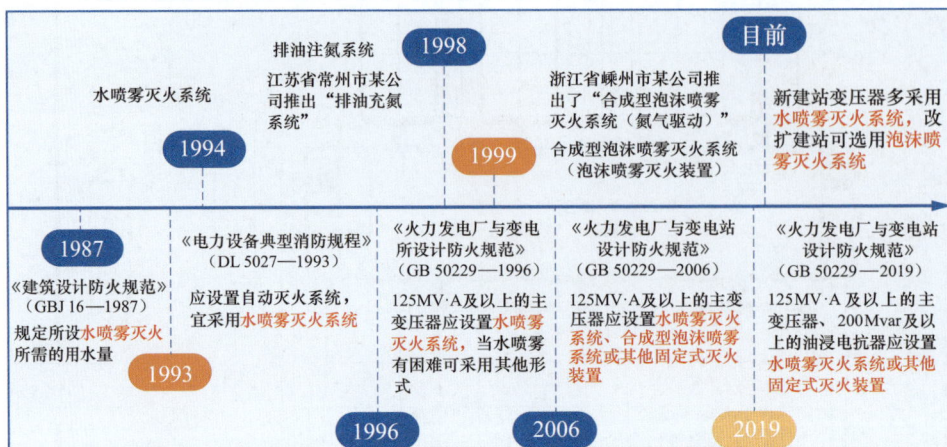

图1-4 变压器自动灭火系统的发展历史

改革开放后，随着我国经济建设的恢复，全国用电量骤增，当时发电量增速赶不上用电量增速，变压器普遍超载运行，使变压器火灾危险性增大，变压器火灾事故频发。国家和电力部先后出台了相关规定，如国家标准《建筑设计防火规范》（GBJ 16—1987）、行业标准《电力设备典型消防规程》（DL 5027—1993），这两个标准对变压器设置自动灭火系统作了相同的规定："下列场所应设置自动灭火系统，且宜采用水喷雾灭火系统，单台容量在 40MVA 及以上的厂矿企业油浸电力变压器、单台容量在 90MVA 及以上的电厂油浸电力变压器、单台容量在 125MVA 及以上的独立变电所油浸电力变压器。"《建筑设计防火规范》（GBJ 16—1987）还指出："对设在室内的单台储油量超过 5t 的电力变压器可采用卤代烷（即哈龙）或二氧化碳灭火设备。"由于卤代烷灭火剂产生的氟氯烃物质排放至大气会损耗臭氧层，为保护环境，1996 年我国颁布实施"中国消防行业哈龙整体淘汰计划"，哈龙 1211 等主变压器灭火系统逐渐被淘汰。

因此，变电站内油浸变压器多采用水喷雾灭火系统。《火力发电厂与变电所设计防火规范》（GB 50229—1996）9.2.1 规定："220kV、330kV、500kV 独立变电所，单台容量为 125MVA 及以上的主变压器应设置水喷雾灭火系统，并应具备定期试喷的条件，当采用水喷雾灭火系统有困难时可采用其他灭火设施。"由于水喷雾灭火系统投资大、维护难、完好率低、使用成本高，且缺水地区、远离水源地区和寒冷地区不适合使用，寻找更合适的灭火系统成为一个新的议题。1998 年前后，国内出现了另外两种变压器灭火系统，一种是江苏省常州市某公司推出的排油充氮系统；另一种是浙江省嵊州市某公司推出的合成型泡沫喷淋灭火系统。2000 年后，排油注氮灭火系统、合成型泡沫喷雾灭火系统开始应用，《火力发电厂与变电站设计防火规范》（GB 50229—2006）11.5.4 修订为："单台容量为 125MVA 及以上的主变压器应设置水喷雾灭火系统、合成型泡沫喷雾系统或其他固定式灭火系统。"由于无需储水、节省水池占地面积及造价、安装简单，变电站内油浸变压器多选用排油注氮灭火系统、合成型泡沫喷雾灭火系统。

经过十几年的应用，在运维过程中发现：①排油注氮灭火系统与主变压器本体相连，灭火系统误动作会影响到主变压器的正常运行；②合成型泡沫喷雾灭火系统采用压缩氮气驱动的形式，使用预混的泡沫混合液，泡沫混合液的质量和有效使用期受制于厂家产品，难以保证。因此，《火力发电厂与变电站设计防火标准》（GB 50229—2019）11.5.4 修订为："单台容量为 125MVA 及以上的主变压器、200Mvar 及以上的油浸电抗器应设置水喷雾灭火系统或其他固定式灭火装置。"现阶段变电站的户外油浸变压器大多仍选用水喷雾灭火系统，地下和户内变压器会考虑选用细水雾灭火系统、气体灭火系统。

1.3　变电站消防法规与标准

变电站消防体系由消防法律法规和消防技术标准构成。消防法律法规是指由国家制定并强制实施，规定人们在消防安全方面的权利和义务，实现保障消防安全目的的规范性文件。按照制定机关和效力的不同，分为消防法律、消防行政法规、地方性消防法规、消防规章四个层次。消防技术标准是规定社会生产、生活中保障消防安全的技术要求和安全极限的各类技术规范和标准的总称，按照规范、标准等级的高低，分为国家标准、行业标准、地方标准、团体标准、企业标准五个层次，如图 1-5 所示。

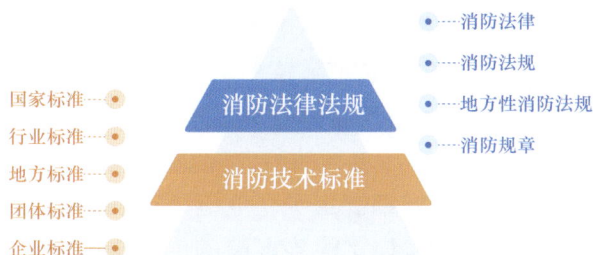

图 1-5　变电站消防法规与标准体系

1.3.1 消防法律法规

我国的消防法律法规体系是以《中华人民共和国消防法》为核心，以消防行政法规、地方性消防法规、消防规章为主干，以涉及消防的有关法律法规为重要补充的消防法律法规体系。《中华人民共和国消防法》将原消防部门承担的建设工程消防设计审查验收职责、消防验收的监督检查处罚权力，划入住房和城乡建设部门，由国务院住房和城乡建设主管部门规定建设工程消防设计审查、验收、备案和抽查的具体办法。与变电站消防关系密切的消防法律法规见表1-1。

表 1-1 　　　　　　　　　　有关变电站消防的法律法规

法 / 文号	法律名称	实行日期
中华人民共和国主席令第 81 号	《中华人民共和国消防法》	2021-4-29
中华人民共和国主席令第 88 号	《中华人民共和国安全生产法》	2021-9-1
国办发〔2017〕87 号	《消防安全责任制实施办法》	2017-10-29
厅字〔2019〕34 号	《关于深化消防执法改革的意见》	2019-5-30
中华人民共和国住房和城乡建设部令第 58 号	《建设工程消防设计审查验收管理暂行规定》	2023-10-30

《中华人民共和国消防法》明确了法人单位的法定代表人或者非法人单位的主要负责人是单位的消防安全责任人，对本单位的消防安全工作全面负责。《中华人民共和国安全生产法》适用于安全生产的各个领域，同样适用于变电站消防安全管理，该法详细界定了各级政府及生产经营单位的安全生产责任，并从生产经营单位的安全生产保障、从业人员的安全生产权利义务、安全生产的监督管理、生产安全事故的应急救援与调查处理、法律责任等五个方面全面规范了安全生产管理。依据《中华人民共和国安全生产法》，国务院制定了《生产安全事故报告和调查处理条例》，该条例根据生产安全事故造成的人员伤亡或者直接经济损失，将事故分为特别重大事故、重大事故、较大事故、一般事故四个等级，变电站火灾事故参照执行。《消防安全责任制实施办法》进一步健全了消防安全责任制，详细制定了企业应履行的消防安全职责，如因消防安全责任不落实发生一般及以上火灾事故的，依法依规追究单位直接责任人、法定代表人、主要负责人或实际控制人的责任，对履行职责不力、失职渎

职的政府及有关部门负责人和工作人员实行问责，涉嫌犯罪的，移送司法机关处理。《关于深化消防执法改革的意见》对当前的消防执法工作进行了深度分析及改革，取消消防设施维护保养检测、消防安全评估机构资质许可制度，强化火灾事故倒查追责，严肃消防执法责任追究。2023 年 8 月 21 日审议通过的《建设工程消防设计审查验收管理暂行规定》规定"特殊建设工程实施消防设计审查、消防验收，以及其他建设工程实施消防验收备案、抽查。"第十四条（八）明确"城市轨道交通、隧道工程，大型发电、变配电工程属于特殊建设工程"。关于"大型"的定义，国家计划委员会、国家建设委员会、财政部联合下发《关于基本建设项目和大中型划分标准的规定》（计〔1978〕234 号）中有明确定义，电力工业送变电工程大型工程标准为"33 万伏以上"。

1.3.2　消防技术标准

变电站消防设计技术标准是在变电站设计和建设过程中，为保障人身安全、设备安全及环境保护等而制定的一系列规范和标准，主要涵盖建筑防火设计、火灾自动报警系统、灭火系统、火灾预防、消防设施、材料耐火性能等内容，为变电站的安全与防火提供系统化的指导。通过建立完善的消防设计技术标准，可有效降低变电站火灾事故的发生率，保障电力设施的安全与稳定运行。设计工作中常用的有关变电站消防的规范标准见表 1–2。

表 1–2　　　　　　　　有关变电站消防的规范标准

标准级别	标准编号	标准名称
国家标准	GB 55036—2022	《消防设施通用规范》
	GB 55037—2022	《建筑防火通用规范》
	GB 50151—2021	《泡沫灭火系统技术标准》
	GB/T 51410—2020	《建筑防火封堵应用技术标准》
	GB 50229—2019	《火力发电厂与变电站设计防火标准》
	GB 50166—2019	《火灾自动报警系统施工及验收标准》
	GB/T 19666—2019	《阻燃和耐火电线电缆通则》
	GB 50217—2018	《电力工程电缆设计规范》
	GB 51309—2018	《消防应急照明和疏散指示系统技术标准》

续表

标准级别	标准编号	标准名称
国家标准	GB 51251—2017	《建筑防烟排烟系统技术标准》
	GB 50222—2017	《建筑内部装修设计防火规范》
	GB 50016—2014	《建筑设计防火规范》（2018 年修订版）
	GB 50974—2014	《消防给水及消火栓系统技术规范》
	GB 50058—2014	《爆炸危险环境电力装置设计规范》
	GB 50219—2014	《水喷雾灭火系统技术规范》
	GB 50116—2013	《火灾自动报警系统设计规范》
	GB 50898—2013	《细水雾灭火系统技术规范》
	GB 28374—2012	《电缆防火涂料》
	GB 25201—2010	《建筑消防设施的维护管理》
	GB 25506—2010	《消防控制室通用技术要求》
	GB 17945—2010	《消防应急照明和疏散指示系统》
	GB 50444—2008	《建筑灭火器配置验收及检查规范》
	GB 50263—2007	《气体灭火系统施工及验收规范》
	GB 50370—2005	《气体灭火系统设计规范》
	GB 50140—2005	《建筑灭火器配置设计规范》
行业标准及其他	DL/T 5056—2024	《变电工程总布置设计规程》
	DL/T 2140—2020	《无人值班变电站消防远程集中监控系统技术规范》
	DL 5027—2015	《电力设备典型消防规程》
	DL/T 5707—2014	《电力工程电缆防火封堵施工工艺导则》
	DL/T 5390—2014	《发电厂和变电站照明设计技术规范》
	GA 1149—2014	《细水雾灭火装置》
	GA 835—2009	《油浸变压器排油注氮灭火装置》
	GA 834—2009	《泡沫喷雾灭火装置》
	GA 503—2004	《建筑消防设施检测技术规程》
	T/CSEE 012—2020	《油浸式变压器泡沫—水喷雾灭火装置通用技术条件》
	CECS 187—2005	《油浸变压器排油注氮装置技术规程》

　　《建筑设计防火规范》（GB 50016—2014）是我国建（构）筑物消防设计的基础标准，其中如 3.2、3.4 等条款对变电站的耐火等级、防火间距、消防设施的配置等方面做了原则性规定。《火力发电厂与变电站设计防火标准》（GB 50229—2019）规定了变电站火灾危险性分类、耐火等级、防火分区、平面布置、消防给水、消防设施等内容，是变电站防火设计的主要依据。《火力发电厂与变电所设计防火规范》GB 50229—1996 于 1996 年首次制定，并分别于 2006 年 [《火力发电厂与变电站设计防火规范》（GB 50229—2006）]、2019 年 [《火力发电厂与变电站设计防火标准》（GB 50229—2019）] 进行了修订，该标准目前由建设部归口，由国家消防救援局和中国电力企业联合会（简称中电联）标准化中心负责日常管理。《电力设备典型消防规程》（DL 5027—2015）规定了变电站消防安全管理及其防火与灭火技术要求，是电力设备消防管理与运行的重要标准之一，《电气设备典型消防规程（试行本）》于 1954 年由原燃料工业部电业管理局组织制定，并分别于 1993 年 [《电气设备典型消防规程》（DL 5027—1993）]、2015 年 [《电力设备典型消防规程》（DL 5027—2015）] 进行了修订，现由中电联标准化中心日常管理并归口。《电力工程电缆防火封堵施工工艺导则》（DL/T 5707—2014）规定了变电站电缆防火封堵材料及施工技术要求，于 2014 年由中电联标准化中心组织制定，由电力行业火电建设标准化技术委员会归口。

第2章

变电站火灾
基础知识

本章主要内容为变电站火灾基础知识介绍，包括火灾的机理与特性、电力设备火灾的成因和特点、变电站内设备设施的火灾危险性分析。

2.1 火灾机理与特性

2.1.1 火灾的定义与分类

1. 火灾的定义

火灾在《消防词汇 第一部分：通用术语》（GB/T 5907.1—2014）中做了定义，即"火灾是时间或空间上失去控制的燃烧"。燃烧是一种自然现象，也是一种人为现象，虽有利于人类生产生活，但也可能造成火灾和环境污染等危害。要使物质发生燃烧，必须同时具备三个必要条件，即可燃物、助燃物和着火源，如图 2-1 所示。如果缺少任何一个要素，或者三者之间没有相互作用，燃烧就不会发生或者停止。

明火、电火花、摩擦热等

空气、氧气

助燃物

着火源

可燃物

木材、纸张、布料等

图 2-1 燃烧三要素

可燃物是指能与空气中的氧或其他氧化剂起化学反应的物质，如木材、纸张、布料、汽油、天然气等，按其化学组成可以分为有机可燃物和无机可燃物两大类。有机可燃物主要含有碳、氢、氧等元素，如甲烷、乙醇、葡萄糖等；无机可燃物主要含有金属或非金属元素，如镁、硫、氢等。按其状态可以分为可燃固体、可燃液体和可燃气体三大类。可燃固体通常需要经过加热或者粉碎才能与空气充分接触并发生反应，如木材、纸张等；可燃液体通常需要经过挥发或者雾化才能与空气充分混合并发生反应，如汽油、酒精等；可燃气体通常可以直接与空气混合并发生反应，如天然气、氢气等。

助燃物是指能帮助和支持可燃物发生反应的物质，即能与可燃物发生氧化反应的物质。最常见的助燃物是空气中的氧气，它占空气体积的 21% 左右。除了氧气外，还有一些其他的助燃物，如含氧化合物（如硝酸钾）、卤素（如氯）、过氧化物（如过氧化钠）等。这些助燃物可以提供更多的活性氧原子或者自由基来促进反应的进行。

着火源是指供给可燃物与助燃物反应所需的初始能量来源。着火源可以分为直接着火源和间接着火源两大类。直接着火源是指可以直接点着可燃物的热源，如明火、电火花、雷击等；间接着火源是指可以间接提高可燃物的温度，使其达到燃点的热源，如高温加热、摩擦发热、自燃发热等。在电力设备火灾中常见的引火源有电弧、电火花、高温、明火焰等。

2. 起火物质的分类

各种物质起火燃烧的危险程度并不相同，根据《建筑设计防火规范（2018年版）》（GB 50016—2014），从仓储和生产两个维度将物品的火灾危险性分为甲、乙、丙、丁、戊五类，如表 2–1 和表 2–2 所示。

表 2–1 　　　　　　　　　　　　储存的火灾危险性分类

储存物品类别	火灾危险性的特征
甲	（1）闪点小于 28℃ 的液体； （2）爆炸下限小于 10% 的气体，受到水或空气中水蒸气的作用能产生爆炸下限小于 10% 气体的固体物质； （3）常温下能自行分解或在空气中氧化能导致迅速自燃或爆炸的物质； （4）常温下受到水或空气中水蒸气的作用，能产生可燃气体并引起燃烧或爆炸的物质； （5）遇酸、受热、撞击、摩擦，以及遇有机物或硫磺等易燃的无机物，极易引起燃烧或爆炸的强氧化剂； （6）受撞击、摩擦或与氧化剂、有机物接触时能引起燃烧或爆炸的物质
乙	（1）闪点 28~60℃ 的液体； （2）爆炸下限不小于 10% 的气体； （3）不属于甲类的氧化剂； （4）不属于甲类的易燃固体； （5）助燃气体； （6）常温下与空气接触能缓慢氧化，积热不散引起自燃的物品
丙	（1）闪点大于 60℃ 的液体； （2）可燃固体

续表

储存物品类别	火灾危险性的特征
丁	难燃烧物品
戊	不燃烧固体

表 2-2　　　　　　　　　生产的火灾危险性分类

生产类别	火灾危险性的特征
甲	使用或产生下列物质： （1）闪点小于 28℃的液体； （2）爆炸下限小于 10% 的气体； （3）常温下能自行分解或在空气中氧化即能导致迅速自燃或爆炸的物质； （4）常温下受到水或空气中水蒸气的作用，能产生可燃气体并引起燃烧或爆炸的物质； （5）遇酸、受热、撞击、摩擦、催化以及遇有机物或硫磺等无机物，极易引起爆炸或燃烧的强氧化剂； （6）受撞击、摩擦或与氧化剂、有机物接触时能引起燃烧或爆炸的物质； （7）在密闭设备内操作温度不小于物质本身自燃点的生产
乙	使用或产生下列物质： （1）闪点 28~60℃的易燃、可燃液体； （2）爆炸下限不小于 10% 的可燃气体； （3）助燃气体和不属于甲类的氧化剂； （4）不属于甲类的化学易燃危险固体； （5）生产中排出的可燃纤维或粉尘，并能与空气形成爆炸性混合物者
丙	使用或产生下列物质： （1）闪点大于 60℃的可燃液体； （2）可燃固体
丁	具体下列情况的生产： （1）对非燃烧物质进行加工，并在高热或熔化状态下经常产生辐射热，有火花或火焰的产生； （2）利用气体、液体、固体做燃料或将气体、液体进行燃烧另作他用的各种生产； （3）常温下使用或加工难燃烧物质的生产
戊	常温下使用或加工非燃烧物质的生产

3. 火灾的分类

根据可燃物的类型和燃烧特性的不同，《火灾分类》（GB/T 4968—2008）将灭火器和灭火剂适用对象的火灾分为 A、B、C、D、E、F 六类，具体分类如

表 2-3 所示，变电站中常涉及的火灾分类为 A、B、C、E 类。

表 2-3　　　　　　　　火灾分类（按可燃物类型划分）

分类	定义	灭火剂
A 类	固体物质火灾，如木材、煤、棉、毛、麻、纸张等	水系、泡沫、硝酸铵盐干粉、卤代烷型灭火剂等
B 类	液体或可熔化的固体物质火灾，如煤油、柴油、原油，甲醇、乙醇、沥青、石蜡等	干粉、泡沫、卤代烷、二氧化碳型灭火剂等
C 类	气体火灾，如煤气、天然气、甲烷、乙烷、丙烷、氢气等	干粉、卤代烷、二氧化碳型灭火剂等
D 类	金属火灾，如钾、钠、镁、铝镁合金等	金属火灾专用灭火剂和干砂等
E 类	物体带电燃烧的火灾	干粉、二氧化碳、卤代烷灭火剂等
F 类	烹饪器具内的烹饪物火灾（如动植物油脂）	泡沫灭火剂、水雾灭火剂

根据《建筑灭火器配置设计规范》（GB 50140—2005），工业建筑灭火器配置场所的危险等级，应根据其生产、使用、储存物品的火灾危险性，及可燃物数量、火灾蔓延速度、扑救难易程度等因素，划分为三级，具体分类如表 2-4 所示。

表 2-4　　　　　　　　火灾分类（按危险等级划分）

分类	定义
严重危险级	火灾危险性大，可燃物多，起火后蔓延迅速，扑救困难，容易造成重大财产损失的场所
重中危险级	火灾危险性较大，可燃物较多，起火后蔓延较迅速，扑救较难的场所
轻危险级	火灾危险性较小，可燃物较少，起火后蔓延较缓慢，扑救较易的场所

2.1.2　火灾的燃烧过程

火灾的发展过程分为初期阶段、发展阶段、猛烈燃烧阶段和熄灭阶段四个阶段，如图 2-2 所示。

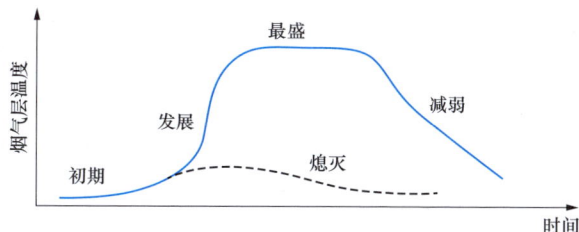

图 2-2　火灾燃烧过程

（1）初期阶段。火灾初期阶段是指起火后的十几分钟内，此时燃烧面积不大，烟气速度较缓慢，火焰辐射的能量不多，周围物品和结构开始受热，温度上升不快但呈上升趋势。在这个阶段，用较少的人力和应急的灭火器材就能将火控制住或扑灭。

（2）发展阶段。在火灾发展阶段，燃烧强度增大，500℃以上的烟气流加上火焰的辐射热作用使周围可燃物品和结构受热并开始分解，气体对流加强，燃烧面积扩大，燃烧速度加快。在这个阶段，需要投入较多的力量和灭火器材才能将火扑灭。

（3）猛烈燃烧阶段。在火灾猛烈燃烧阶段，燃烧面积扩大，大量的热释放出来，空间温度急剧上升，周围可燃物品几乎全部卷入燃烧。在这个阶段，燃烧强度最大，热辐射最强，温度和烟气对流达到最大限度，不燃材料和结构的机械强度受到破坏，甚至发生变形或倒塌，大火突破建筑物外壳向周围扩大蔓延，是火灾最难扑救的阶段。该阶段不仅需要很多的力量和器材扑救火灾，而且要用相当多的力量和器材保护周围场所，以防火势蔓延造成更大的损失。

（4）熄灭阶段。火灾熄灭阶段是指火场火势被控制住以后，由于灭火剂的作用或燃烧材料烧至殆尽，火势逐渐减弱直到熄灭的阶段。

2.2　电力设备火灾的成因和特点

2.2.1　电力设备起火原因分析

近年来，国内外相继发生一系列电力设备重特大火灾事故，造成了重大的经济损失和社会影响。2004 年 11 月 18 日，西班牙首都马德里市中心以及南部地区一变电站发生火灾导致大面积停电，这次事故造成马德里部分地铁停运，公共交通瘫痪。2016 年 10 月 12 日，日本东京都埼玉县新座市地下电缆发生火灾，导致东京市中心大规模停电，造成交通混乱和车辆碰撞事故。2019 年 3 月 26 日，美国佛罗里达州一座变电站突发火灾，超过 3.3 万名用户停电。2016 年 6 月 18 日，国内某电力公司 110kV 变压器 35kV 出线电缆沟失火，事故损失负荷 24.3 万 kW。

电力设备一旦发生火灾，燃烧速度极快，一瞬间就可能损坏整个系统的设备。与一般火灾相比，电力设备着火后可能带电运行，在一定范围内造成触电危险，充油电力设备如变压器等受热后可能会喷油甚至爆炸，造成火灾蔓延。电力设备火灾产生的直接原因很多，过载、短路、接触不良、接地故障、雷电或静电都可能引起火灾。从设备起火的原因分析，由短路故障引起的起火事件最多，其次是过载，然后是设备质量和工艺缺陷问题，另外还有过热和老化、谐振过电压等。

1. 短路、接触不良

短路是电力设备最严重的一种故障状态，短路时短路点或导线连接松弛的接头处会产生电弧或火花，电力设备电弧放电瞬间如图 2-3 所示。电弧温度很高，可达 6000℃以上，不仅会引燃本身的绝缘材料，还可能引燃附近的可燃材料、蒸气和粉尘。切断／接通大电流电路、大容量熔断器爆断时，也可能产生电弧。

图 2-3　电力设备电弧放电瞬间

产生短路的主要原因有：①电力设备的选用、安装和使用环境不符合要求，致使其绝缘体在高温、潮湿、酸碱环境条件下受到破坏；②电力设备使用时间过长，超过其使用寿命，导致绝缘老化发脆；③电力设备使用维护不当，长期带病运行，扩大了故障范围；④过电压使绝缘击穿；⑤错误操作或把电源投向故障线路。

接触不良主要发生在导线连接处，其原因主要有：①电气接头表面污损，接触电阻增加；②电气接头长期运行，产生导电不良的氧化膜，未及时清除；③因振动或热作用，电气接头连接处发生松动；④铜铝连接处有约 1.69V 的电位差，潮湿时会发生电解作用而腐蚀铝，造成接触不良，形成局部过热，成为潜在的引燃源。

2. 过载

电力设备的过载是指其功率或流过导线的电流超过额定值。过载导致导体中的电流增大，根据焦耳定律（$Q = I^2Rt$），增大的电流会在导体电阻上产生显著增多的热量。这些热量通过热传递会使导体本身以及接触的绝缘材料局部温度急剧升高。当温度超过导体或绝缘材料的耐热极限时，可能导致绝缘材料炭化、熔化或击穿，最终引发电气火灾。如图 2-4 所示为过载烧坏的电线。

图 2-4　过载烧坏的电线

造成过载的原因有：①设计、安装时选型不正确，使电力设备的额定容量小于实际负载容量；②设备或导线随意装接，增加负荷，造成超载运行；③检修、维护不及时，使设备或导线长期处于带病运行状态。

3. 接地故障

线路接地是电网中最常见的非正常运行状态，沿线杆塔、横担、绝缘子、避雷器等设备，在线路两边树枝或其他小物体掉落等情况下容易引起系统接地，尤其是在大风和雷雨天气下，接地现象会频繁发生。接地故障可分为金属性接地和非金属性接地。

线路断线使电源侧直接接地，从而造成金属性接地。发生金属性接地时，故障相电压为零，非故障相电压上升为线电压。非金属性接地为不完全接地，故障相电压低于相电压，非故障相电压高于相电压，低于线电压。

4. 雷电

雷云是大气电荷的载体，可形成雷电。雷电的电位为 $10~10^4$kV，雷电流的幅值约为数千安到数百千安。雷击时产生的功率很大，放电时间极短，一般约为几十微秒，放电区最高温度可达 20000℃。雷电产生的高电压会沿金属物体侵入用户，使室内金属结构、供电线路回路之间产生放电、起火或爆炸，从而引发火灾。如图 2-5 所示为雷电下的输电塔。

图 2-5　雷电下的输电塔

雷电造成破坏的原因主要是电压击穿效应和电流热效应。当地面建筑物遭到雷击后会使建筑物破坏（建筑物倒塌、起火或爆炸等），甚至造成人员伤亡。

雷电的危害除直接雷击外，还有感应雷（含静电和电磁感应）、雷电反击、雷电波侵入和球雷等。这些雷电危害形式的共同特点就是放电时伴随机械力、高温和强火花，破坏建筑物，损坏输电线或电力设备，引起油罐爆炸、堆场器材物料着火。

2.2.2　电力设备火灾特点及危害

变电站电气设备繁多，变压器、断路器、电抗器等电气设备都带有油类等可燃物，在运行过程中一旦发生设备短路、过载等问题，极易造成火灾甚至爆炸等事故，与普通火灾相比，变电站火灾具有火势发展快、扑救困难、经济损失大、处置风险高等特点，如图 2-6 所示为变电站火灾。电力设备火灾具有以下特点：

图 2-6　变电站火灾

（1）火势凶猛。变电站充油设备使用大量的可燃油，这类电力设备油系统火灾尤其严重。据统计，充油设备火灾由开始着火到酿成大火的时间一般仅为 1~3min，这种火灾的燃烧速度非常快，有关部门根据我国的消防装备、公路交通和通信设施的状况，在调查分析大量火灾案例的基础上，确定我国为"15分钟消防"。即发现起火到消防队展开战斗出水不超过 15min，包括发现起火 4min、报警和指挥中心出警 2.5min、消防队接警出动 1min、消防车行车到场 4min、战斗展开至出水扑救 3.5min。然而，多数 220kV 及以上电压等级的变电站站址偏远，不在 15min 消防覆盖的半径内，即使在理想情况下，消防队员 5min 内赶到火灾现场，也错过了最佳的救火时机。

（2）易发生喷油或爆炸。充油电力设备如变压器、油断路器、电容器等发生火灾后，产生爆炸性气体混合物，可引起喷油或爆炸，危及灭火人员安全，造成火灾蔓延，如图 2-7 所示为变压器爆炸。

（3）存在接触电压和跨步电压。发生电力设备火灾后，部分电力设备可能仍然带电，在一定范围内存在接触电压和跨步电压，如图 2-8 所示，灭火时会引起人身触电伤亡事故，导致不能近距离灭火，不利于火场观察的展开，影响灭火战斗指挥的判断力。因此，必须深埋接地极，采用环路接地网、敷设水平均压带等方式，以降低接触电压和跨步电压。

图 2-7　变压器爆炸

图 2-8　跨步电压

（4）高温设备或管道遇水会急剧冷却引起变形。火灾现场用水灭火时，消防水喷洒至高温设备表面，局部急剧冷却，产生较大的热应力，易使其变形、弯曲或裂纹，以致损毁全部设备。

（5）扑救困难。电力设备火灾事故中，带油设备油压高、油量大、着火油流淌蔓延面积大、通风条件好，会导致火势迅猛，火焰强度高，燃烧温度可高达 1500℃以上，火柱有时高达 30m 以上。在这种情况下，扑救人员难以靠近火场，灭火介质难以发挥抑制火情的作用，扑救非常困难。

电力设备和电缆在火灾中，不仅会产生大量的浓烟，还会释放出许多有毒气体，如氯化氢、一氧化碳、二氧化碳、氰化氢、丙酮、甲苯、苯等。这些气体会对人的呼吸和生命构成威胁，使扑救人员难以靠近火场。

（6）损失严重、修复时间长。电力设备火灾火势迅猛，蔓延迅速，扑救困难，因此设备损毁严重，再加上电力设备和装置均属技术密集型、资金密集型、精度高的设备和仪器，安装及恢复要花费大量的人力、物力、财力和时间。

2.3　变电站火灾危险性分析

为避免和减少发生火灾，基建和运行时均考虑了变电站火灾预警和防范措施，尽管如此，变电站起火事件仍屡见不鲜。原因是：一方面，随着电力需求的日益增大，存在设备运行寿命过长或长期处于超负荷运行的情形，如变压器、电容器、电缆、变电站中的主控室、蓄电池室等，这些设备的利用率很高，且运行寿命较长，设备中包含大量的可燃物如电缆聚合物、变压器油、绝缘纸等，当设备长时间或超负荷运行时，容易造成绝缘老化从而发生短路、过电流、过载、漏电等状况，进而引发火灾。另一方面由于变电站普遍采用无人或少人值守模式，火灾在初期难以及时发现和有效控制。同时，现有火灾预警体系存在监测覆盖不足、告警信息传递滞后等缺陷，无法在火情初起阶段发出有效警报，延误最佳扑救时机，最终造成难以挽回的重大损失。

变电站内不同设备设施的火灾危险性分析如下。

1. 变压器

变压器是通过电磁感应将一个系统的交流电压转换为另一个系统的电压、电流的电力设备，是变电站的主要设备，也是变电站火灾事故的主要原因之一。

变压器分为油浸式变压器和干式变压器，其中油浸式变压器的组成部分有铁芯、绕组、油箱、储油柜、吸湿器、散热器等，变压器中的主要可燃材料为变压器油和绝缘材料。变压器油是石油经过分馏后的产物，主要成分有烷烃、芳香族不饱和烃等化合物，具有较好的绝缘性能，通常起到绝缘、散热以及消弧的作用，是变压器火灾事故的主要危险源。变压器负载越大，热量产生越多，使得绝缘材料性能降低，电路短路产生电弧或电火花，极易使变压器油箱内温度升高、压力增加，箱体破裂喷出变压器油，导致火灾发生。

干式变压器为无油、难燃性变压器，与油浸式变压器相比，干式变压器的防火性能更好，多用于对于防火要求较高的场所，如医院、机场、车站等，但相对来说价格更高，对环境也有一定的要求，比如不能太潮湿、不能有太多的灰尘和污秽等。

变压器的工作原理以及结构决定了变压器的固有火灾危险性较高，《火力发电厂与变电站设计防火标准》（GB 50229—2019）11.1.1 规定油浸变压器室的火灾危险性为丙类，干式变压器室的火灾危险性为丁类。油浸变压器室的耐火等级为一级。

2. 电抗器

电抗器一般分为油浸式电抗器和干式空气电抗器，油浸式电抗器为三相一体，类似于变压器，易燃材料主要是绝缘纸、绝缘油等可燃物；干式空气电抗器不含油，易燃材料主要是绝缘纸等可燃物。干式空气电抗器具有结构简单、损耗小、成本低等优点，目前已取代油浸式电抗器，普遍应用于低压补偿设备中。由于受绝缘老化、电压波动、谐波以及外界环境等因素的影响，干式空气电抗器会在运行中也遇到各种问题，严重时会引起着火等事故。

与变压器类似，《火力发电厂与变电站设计防火标准》（GB 50229—2019）11.1.1 规定油浸式电抗器室的火灾危险性为丙类，干式空气电抗器室的火灾危险性为丁类。

3. 电容器

电容器是由中间用绝缘介质隔开的两块金属导体构成的电气设备，电容大小由金属导体的大小和绝缘介质的特性决定。电容器中的易燃材料主要是绝缘纸、绝缘油等可燃物。电容器最常见的故障是元件极间或对外壳绝缘的击穿，故障发展过程一般为先出现热击穿，然后逐步发展为电击穿，在高温和电弧作用下产生大量气体，使其压力急剧上升，最后电容器外壳膨胀破裂，直至起火。电流超过额定值长时间运行会导致电容器温度升高，散热不良引起火灾；长时间高温还会降低绝缘介质的强度，会使绝缘介质损耗，增加短路的可能性；在平时的运行维护过程中不按规程操作，如频繁拉合闸操作产生过电压，清洁不到位导致积灰等都容易引发火灾。

《火力发电厂与变电站设计防火标准》（GB 50229—2019）11.1.1 规定电容器室（有可燃截止）的火灾危险性为丙类，干式电容器室的火灾危险性为丁类。

4. 高压断路器

高压断路器是切断或闭合高压线路故障电流、配合继电保护快速切断故障、保障变电站电力系统安全运行的重要设备。变电站要保证断路器长期可靠工作，对其机械技术和电器寿命的要求较高。断路器起火主要为油断路器起火，由于油断路器采用绝缘油作为灭弧介质，增加了火灾的危险性，逐渐被 SF_6 断路器和真空断路器所取代。SF_6 断路器和真空断路器中的易燃物主要是植物纤维绝缘材料以及由环氧树脂、固化剂、添加剂等混合而成的胶黏剂，当断路器容量不足或人员检修时断路器燃弧距离改变，而降低断流容量的操作使得断路器不能及时切断短路电流，产生的局部高温或电弧可能导致起火燃烧。

《火力发电厂与变电站设计防火标准》（GB 50229—2019）11.1.1 规定户内直流开关场的火灾危险性等级与设备含油量相关，单台设备油量 60kg 以上为丙类，单台设备油量 60kg 及以下为丁类，无含油电气设备为戊类。

5. 避雷器

避雷器的主要作用是吸收大气雷电过电压、操作过电压等的冲击能量，防止过电压进入变电站从而损坏电力设备。变电站普遍采用的是氧化锌避雷器，当氧化锌避雷器承受长期持续运行电压作用时，若产品荷电率过高，超出避雷器的承受能力，会加速电阻片老化，使阻性电流增加，总泄漏电流、功耗也随之增大，导致避雷器热崩溃。避雷器起火的主要原因包括质量问题、设计不当、电网工作电压波动、操作不当、老化问题等。

6. SF_6 类设备（GIS 等）

SF_6 气体绝缘设备，利用 SF_6 气体的惰性，进行电气绝缘和灭弧，是当前在电力系统中应用最广泛的一种绝缘介质。SF_6 气体绝缘设备产生火灾的风险较低，但可能因 SF_6 气体泄漏，导致绝缘击穿从而引发一、二次电缆火灾次生事故。

7. 蓄电池组

蓄电池组是变电站直流系统中最重要的部分，为控制、信号、继电保护、自动装置及事故照明等提供可靠的直流电源。按用途、制造材料、制造方法等不同方式分类，蓄电池种类和型号很多，目前变电站基本选用阀控式铅酸蓄电池，也有少数选用镉镍蓄电池。阀控式铅酸蓄电池因全密封，具有无需添加酸液、不漏液、无酸雾、自放电电流小、内阻小、寿命长、安装方便、少维护、无须加水维护等诸多优点而被广泛采用；而镉镍蓄电池多用于小容量变电站。

蓄电池基于电解原理而工作，内部有氢气、氧气的循环，在故障情况和偶发因素作用下可能发生火灾，从而给变电站造成巨大的安全问题。

8. 主控室（二次设备室）

无人值守变电站主控室主要是指二次设备室，设置有远动终端及相应设备、通信设备、交直流电源、不停电电源、继电保护、测控、计量和其他自动装置等。火灾危险源主要是大量可燃物装修材料和弱电电子设备，容易发生线路短路、漏电，如不采取防护措施，也容易造成火灾。《火力发电厂与变电站设计防火标准》（GB 50229—2019）11.1.1 规定 500kV 及以上变电站的主控制楼的火灾危险性为丁类。

9. 电力电缆

电力电缆是变电站中数量最多且布置集中的电气设施。电缆过载、短路或绝缘老化时，会使导体和绝缘层过热，加速绝缘材料老化开裂，进而导致漏电、短路甚至引发电缆火灾。

由于变电站中电力电缆常布置在地下或半地下建筑（室）内，《建筑防火通用规范》（GB 55037—2022）5.1.2 规定地下、半地下建筑（室）的耐火等级为一级。

第**3**章

变电站总平面
布局消防要点

本章主要内容为变电站站址规划与布局的设计要点。在变电站选址规划阶段，需从全局出发，统筹兼顾火灾风险、城市发展、经济建设等多种因素。科学合理的布局可以有效避免周边发生火势蔓延，减少火灾损失。变电站站址选择要点主要为变电站与站外建筑、堆场、储罐、加油加气站等之间距离的控制；站区总平面布置要点主要为变电站站内各建构筑物之间距离的控制。

3.1　合理确定变电站的位置

绝大多数室外变、配电站的规模较大，单台可燃油油浸变压器的含油量大，具有较高的火灾危险性。油浸式变压器内部使用了大量可燃油品，闪点一般都在 120℃以上，如灭火方法不当，容易形成大范围的火灾。因此，既要加强油浸变压器自身的防爆与自动灭火措施，又要使之与其他建筑保持足够的间距。

3.1.1　与站外建筑的防火间距

变电站与站外建筑的防火间距按照《建筑设计防火规范》（GB 50016—2014）的规定进行控制。对于站外常规建筑物，可按照《建筑设计防火规范》（GB 50016—2014）3.4.12"厂区围墙与厂区内建筑的间距不宜小于 5m"控制，围墙两侧建筑的间距应满足相应建筑的防火间距要求。对于拥有一定火灾危险性的建筑，变电站与其防火间距要求如下：

（1）室外变配电站与甲类厂房及乙、丙、丁、戊类厂房（仓库）、民用建筑等的防火间距不应小于表 3-1 的规定，与甲类仓库的防火间距应符合表 3-2 的规定。需要注意的是：表 3-1 和表 3-2 中变压器的总油量是指室外一处变、配电站或一处油浸式变压器设置场所中全部变压器中的可燃油量之和。

表 3-1　　室外变配电站与甲类厂房及乙、丙、丁、戊类厂房（仓库）、民用建筑等的防火间距　　　单位：m

名称			甲类厂房	乙类厂房（仓库）			丙、丁、戊类厂房（仓库）				民用建筑				
			单、多层	单、多层		高层	单、多层			高层	裙房、单、多层			高层	
			一、二级	一、二级	三级	一、二级	一、二级	三级	四级	一、二级	一、二级	三级	四级	一类	二类
室外变、配电站	变压器总油量（t）	5（含）~10（含）	25	25	25	25	12	15	20	12	15	20	25	20	20
		10~50（含）	25	25	25	25	15	20	25	15	20	25	30	25	25
		>50	25	25	25	25	20	25	30	20	25	30	35	30	30

注　1. 室外变、配电站包括电力系统电压 500kV 及以下的变配电站和工业企业的室外降压变电站。
　　2. 耐火等级低于四级的既有厂房，其耐火等级可按四级确定。

表 3-2　　室外变配电站与甲类仓库的防火间距　　　单位：m

名称	甲类仓库（储量，t）			
	甲类储存物品第 3、4 项		甲类储存物品第 1、2、5、6 项	
	≤ 5	> 5	≤ 10	> 10
电力系统电压为 35~500kV 且每台变压器容量不小于 10MV·A 的室外变、配电站，工业企业的变压器总油量大于 5t 的室外降压变电站	30	40	25	30

注　储存物品的火灾危险性特征分类见《建筑设计防火规范》（GB 50016—2014）。

　　　　　　　　　　　　　　［《建筑设计防火规范》（GB 50016—2014）3.4.1、3.5.1］

　　对于户内变电站，可根据建筑的属性，按《建筑设计防火规范》（GB 50016—2014）3.4.1、3.5.1 规定的防火间距进行控制，见表 3-1 和表 3-2。

对于户外、半户内变电站，《建筑设计防火规范》（GB 50016—2014）中室外变、配电站与其他建筑的防火间距是按变压器与其他建筑的防火间距控制的（见表 3-1），详细的计算方法见《建筑设计防火规范》（GB 50016—2014）附录 B。

（2）单独建造的终端变电站（通常电压等级为 10kV 及 10kV 以下）位于用户前端直接向用户供电，电压等级低、规模较小，相应的火灾危险性也较小，一般可以将终端变电站视为相应耐火等级的民用建筑，其与站外建筑的防火间距如表 3-3 所示。

表 3-3　　　　　　　终端、预装变电站与民用建筑的防火间距　　　　　　单位：m

名称	耐火等级	裙房	单、多层民用建筑			高层民用建筑
		一、二级	一、二级	三级	四级	一、二级
终端变电站	一、二级	6	6	7	9	6
	三级	7	7	8	10	11
10kV 及以下的预装式变电站	可视为二级	3	3	—	—	3

[《建筑设计防火规范》（GB 50016—2014）5.2.2]

（3）10kV 及 10kV 以下的预装式变电站，多为居民小区内的终端变电站，一般由干式变压器、电气开关和控制设备等集成设置在金属外壳内，火灾危险性较小，其与民用建筑的防火间距不应小于 3m。

[《建筑设计防火规范》（GB 50016—2014）5.2.3]

表 3-3 汇总了终端变电站和预装式变电站与民用建筑的防火间距要求。

通常，10kV 以上的变、配电站应独立建造，不允许设置在甲、乙类生产厂房内，也不允许与甲、乙类厂房贴邻。当供甲、乙类厂房专用的 10kV 及以下变（配）电站与甲、乙类厂房贴邻时，应符合如下规定：

（1）采用无开口的防火墙或抗爆墙一面贴邻，与乙类厂房贴邻的防火墙上的开口应为甲级防火窗。

[《建筑防火通用规范》（GB 55037—2022）4.2.4]

（2）公共或专用变、配电站均不应设置在爆炸性气体、粉尘环境的危险区域内。爆炸危险区域的划分应符合国家标准《爆炸危险环境电力装置设计规范》（GB 50058—2014）的要求。

[《建筑设计防火规范》（GB 50016—2014）3.3.8]

3.1.2　与站外危险源的防火间距

室外变、配电站是各类企业、工厂的动力中心，电气设备在运行中可能产生电火花，存在燃烧或爆裂的危险。室外变、配电站一旦发生燃烧或爆炸，不但变、配电站本身遭到破坏，而且会使一个企业或由变、配电站供电的所有企业、工厂的生产停顿，为保护、保证生产的重点设施，室外变、配电站与堆场、储罐的防火间距要求比一般厂房严格。根据《建筑设计防火规范》（GB 50016—2014），室外变、配电站与液体储罐（区）和堆场的防火间距应满足表3-4的规定，与可燃、助燃气体储罐（区）的防火间距应满足表3-5的规定，与液化天然气、液化石油气储罐（区）防火间距应满足表3-6的规定。

表 3-4　　　　室外变配电站与液体储罐（区）和堆场的防火间距　　　　单位：m

类别	一个罐区或堆场的总容量 V（m³）	室外变、配电站
甲、乙类液体储罐（区）	$1 \leqslant V < 50$	30
	$50 \leqslant V < 200$	35
	$200 \leqslant V < 1000$	40
	$1000 \leqslant V < 5000$	50
丙类液体储罐（区）	$5 \leqslant V < 250$	24
	$250 \leqslant V < 1000$	28
	$1000 \leqslant V < 5000$	32
	$5000 \leqslant V < 25000$	40

注　室外变、配电站是指电力系统电压为 35~500kV 且每台变压器容量不小于 10MV·A 的室外变、配电站和工业企业的变压器总油量大于 5t 的室外降压变电站。

表 3-5　　　　室外变配电站与可燃、助燃气体储罐（区）的防火间距　　　　单位：m

类别	湿式储罐总容积 V（m³）	室外变、配电站
可燃气体	$V < 1000$	20

续表

类别	湿式储罐总容积 V（m^3）	室外变、配电站
可燃气体	$1000 \leqslant V < 10000$	25
	$10000 \leqslant V < 50000$	30
	$50000 \leqslant V < 100000$	35
	$100000 \leqslant V < 300000$	40
氧气	$V \leqslant 1000$	20
	$1000 < V < 50000$	25
	$V > 50000$	30

表 3-6 室外变配电站与液化天然气、液化石油气储罐（区）的防火间距　单位：m

类别	液化天然气储罐（区）总容积 V（m^3）						
	$V \leqslant 10$	$10 < V \leqslant 30$	$30 < V \leqslant 50$	$50 < V \leqslant 200$	$200 < V \leqslant 500$	$500 < V \leqslant 1000$	$1000 < V \leqslant 2000$
单罐容积（m^3）	$\leqslant 10$	$\leqslant 30$	$\leqslant 50$	$\leqslant 200$	$\leqslant 500$	$\leqslant 1000$	$\leqslant 2000$
室外变、配电站	30	35	45	50	55	60	70
类别	液化石油气储罐（区）总容积 V（m^3）						
	$30 < V \leqslant 50$	$50 < V \leqslant 200$	$200 < V \leqslant 500$	$500 < V \leqslant 1000$	$1000 < V \leqslant 2500$	$2500 < V \leqslant 5000$	$5000 < V \leqslant 10000$
单罐容积（m^3）	$\leqslant 20$	$\leqslant 50$	$\leqslant 100$	$\leqslant 200$	$\leqslant 400$	$\leqslant 1000$	> 1000
室外变、配电站	45	50	55	60	70	80	120

　　由于加油站的油品储罐埋地敷设，其安全性比地上的油罐好得多，故安全间距较储罐《建筑设计防火规范》（GB 50016—2014）4.2.1 的规定（见表 3-6）适当减少。变电站与汽车加油加气站的防火间距应符合《汽车加油加气加氢站技术标准》（GB 50156—2021）的规定（见表 3-7）。对于地面以上的加油机和地面以下的储罐，安全距离需分别校验。

表 3-7　　　　　室外变配电站与汽车加油加气站的防火间距　　　　单位：m

站外建（构）筑物	站内汽油（柴油）工艺设备			
	埋地油罐			加油机、油罐通气管口、油气回收处理装置
	一级站	二级站	三级站	
室外变、配电站	17.5（15）	15.5（12.5）	12.5（12.5）	12.5（12.5）

注　括号内数字为柴油设备与站外建（构）筑物的安全间距。

考虑到接地体对地下金属管道的腐蚀影响和保证人身安全，变电站与地下燃气管道的间距应符合《城镇燃气设计规范》（2020 年版）（GB 50028—2006）的规定，如表 3-8 所示。

表 3-8　　　　　地下燃气管道与交流电力线接地体的净距

| 电压等级（kV） | 10 | 35 | 110 | 220 |
| 电站或变电站接地体（m） | 5 | 10 | 15 | 30 |

［《建筑设计防火规范》（GB 50016—2014）4.2.1、4.3.1、4.3.3、4.3.8、4.4.1］

3.2　站区总平面布置

3.2.1　站内建筑物防火间距

《火力发电厂与变电站设计防火标准》（GB 50229—2019）11.1.5 规定了变电站内各建（构）筑物及设备的最小防火间距，如表 3-9 所示。

表 3-9　　　　变电站建（构）筑物及设备之间的防火间距　　　　单位：m

建（构）筑物、设备名称		丙、丁、戊类生产建筑耐火等级		屋外配电装置每组断路器油量（t）		可燃介质电容器（棚）	事故贮油池	生活建筑耐火等级	
		一、二级	三级	< 1	≥ 1			一、二级	三级
丙、丁、戊类生产建筑耐火等级	一、二级	10	12	—	10	10	5	10	12

续表

建（构）筑物、设备名称		丙、丁、戊类生产建筑耐火等级		屋外配电装置每组断路器油量（t）		可燃介质电容器（棚）	事故贮油池	生活建筑耐火等级	
		一、二级	三级	<1	≥1			一、二级	三级
丙、丁、戊类生产建筑耐火等级	三级	12	14	—	10	10	5	12	14
屋外配电装置每组断路器油量（t）	<1	—		—		10	5	10	12
	≥1	10							
油浸变压器、油浸电抗器单台设备油量（t）	5（含）~10（含）	10		见《火力发电厂与变电站设计防火标准》（GB 50229—2019）第11.1.9条		10	5	15	20
	10~50（含）							20	25
	>50							25	30
可燃介质电容器（棚）		10		10		—	5	15	20
事故贮油池		5		5		5	—	10	12
生活建筑耐火等级	一、二级	10	12	10		15	10	6	7
	三级	12	14	12		20	12	7	8

注　1. 建（构）筑物防火间距应按相邻建（构）筑物外墙的最近水平距离计算，如外墙有凸出的可燃或难燃构件时，则应从其凸出部分外缘算起；变压器之间的防火间距应为相邻变压器外壁的最近水平距离；变压器与带油电气设备的防火间距应为变压器和带油电气设备外壁的最近水平距离；变压器与建构筑物的防火间距应为变压器外壁与建筑外墙的最近水平距离。
2. 相邻两座建筑较高一面的外墙如为防火墙时，其防火间距不限；两座一、二级耐火等级的建筑，当相邻较低一面外墙为防火墙且较低一座厂房屋顶无天窗，屋顶耐火极限不低于 1.0h，或相邻较高一外墙的门、窗等开口部位设置甲级防火门、窗或防火分隔水幕时，其防火间距不应小于 4m。
3. 屋外配电装置间距应为设备外壁的最近水平距离。

　　站内建筑物之间距离需满足表 3-9 的要求。但在工程实际设计中，由于设备的布局和占地面积限制，站内建筑物（如配电装置楼、辅助用房等）通常难以满足防火间距 10m 的要求。当站内建筑物无法满足防火间距 10m 时，根据相互之间的距离的大小可采取对应措施：

（1）相邻两座建筑两面的外墙均为不燃烧腔体且无外露的可燃性屋檐，每面外墙上的门、窗、洞口面积之和各不大于外墙面积的 5%，且门、窗、洞口不正对开设时，其防火间距可按表 3–9 的规定减少 25%。

［《火力发电厂与变电站设计防火标准》（GB 50229—2019）11.1.6，《建筑设计防火规范》（GB 50016—2014）表 3.4.1 的表注 2］

（2）两座一、二级耐火等级的建筑，当相邻较低一面的外墙为防火墙且较低一座厂房屋顶无天窗，屋顶耐火极限不低于 1h，或相邻较高一面外墙的门、窗等开口部位设置甲级防火门、窗或防火分隔水幕时，其防火间距不应小于 4m，如图 3–1 所示。

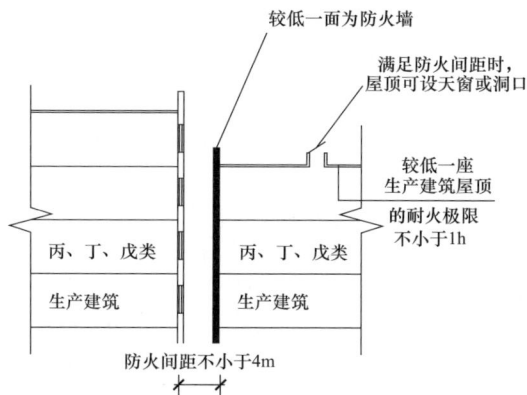

图 3–1　防火距离无法满足 10m 但不小于 4m 做法示意图

［《火力发电厂与变电站设计防火标准》（GB 50229—2019）表 11.1.5 的表注 2］

（3）两座一、二级耐火等级的建筑，当相邻较高一面的外墙为防火墙时，其防火间距不限，如图 3–2 所示。

［《火力发电厂与变电站设计防火标准》（GB 50229—2019）表 11.1.5 的表注 2］

《建筑设计防火规范》（GB 50016—2014）3.4.12 规定厂区围墙与厂区内建筑的间距不宜小于 5m，围墙两侧建筑的间距应满足相应建筑的防火间距要求，该间距是考虑本厂区与相邻地块建筑物之间的最小防火间距。厂房之间

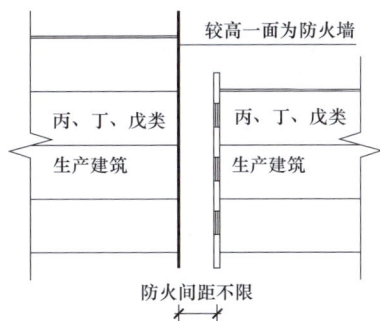

图 3-2　防火距离不限做法示意图

的最小防火间距是 10m，每方各留出一半即为 5m，也符合消防车的通行宽度要求。值得注意的是：当布置条件困难且变电站外无其他建筑物时，站区围墙与站区内建筑的间距可适当减少，但需同时满足当地规划部门对建筑物距离红线的要求。

3.2.2　站内电气设备防火间距

　　油浸变压器等含油电气设备装有大量可燃油，往往是变电站内危险性最大的部位，应重点关注。如表 3-9 所示，油浸变压器等含油电气设备与丙、丁、戊类生产建筑之间的最小防火间距为 10m，当难以满足时应采取《火力发电厂与变电站设计防火标准》（GB 50229—2019）11.2.1 规定的措施。

　　（1）当建筑物与油浸变压器或可燃介质电容器等电气设备间距小于 5m 时，在设备外轮廓投影范围外侧各 3m 内的建筑物外墙上不应设置门窗、洞口和通风孔，且该区域外墙应为防火墙，当设备高于建筑物时，防火墙应高于该设备的高度。

　　（2）当建筑物墙外 5~10m 范围内布置有变压器或可燃介质电容器等电气设备时，在上述外墙上可设置甲级防火门，设备高度以上可设防火窗，其耐火极限不应小于 0.9h。

　　站内其他电气设备布置间距应满足如下规定：

　　（1）单台油量为 2500kg 及以上的屋外油浸变压器之间、屋外油浸电抗器之间的最小间距应符合表 3-10 的规定。

表 3-10　　屋外油浸变压器之间、屋外油浸电抗器之间的最小间距

电压等级	最小间距（m）	电压等级	最小间距（m）
≤ 35kV	5	220、330kV	10
66kV	6	500、750kV	15
110kV	8	1000kV	17

注　1. 换流变压器的电压等级应按交流侧的电压选择。
　　2. 当不满足表中的要求时，应设置防火墙。防火墙高度应高于变压器储油柜，其长度超出变压器的贮油池两侧不应小于 1m。

[《火力发电厂与变电站设计防火标准》（GB 50229—2019）11.1.7]

（2）油量为 2500kg 及以上的屋外油浸变压器或高压电抗器与油量为 600kg 以上的带油电气设备之间的防火间距不应小于 5m。

[《火力发电厂与变电站设计防火标准》（GB 50229—2019）11.1.9]

（3）总油量为 2500kg 以及上的并联电容器组或箱式电容器，相互之间的防火间距不应小于 5m，当间距不满足该要求时应设置防火墙。

[《火力发电厂与变电站设计防火标准》（GB 50229—2019）11.1.10]

3.2.3　消防车道、停车场要求

消防车道是在火灾时供消防救援车辆通行或停靠的机动车道路，设置环形消防车道便于对建筑规模较大、火灾危险性较大的建筑实施灭火救援。作为一个使用功能相对集中的区域，变电站为有效的资源整合，可充分利用土地面积，站区内的道路大多可同时满足运行、检修、消防和大件运输等要求，所以在大多数情况下，变电站内环形道路即为消防环形通道。为满足消防车安全快速通行、安全停靠与展开救援行动，变电站内消防车道的布置要求如下：

（1）当变电站内建筑的火灾危险性为丙类且丙类建筑的占地面积超过 3000m² 时，变电站内的消防车道宜布置成环形。确有困难时，应至少沿建筑物的两个长边设置消防车道。当为尽端式车道时，应设置回车道或回车场，回车场的面积不应小于 12m×12m。

[《火力发电厂与变电站设计防火标准》（GB 50229—2019）11.1.10、《建筑防火通用规范》（GB 55037—2022）3.4.2、《建筑设计防火规范》（GB 50016—2014）7.1.9]

（2）变电站站区围墙处可设一个供消防车辆进出的出入口。考虑到变电站进站道路一般是一条，且多年来变电站火灾时未发生影响消防车通行的情况，故一条进站道路能满足消防车通行的需要。

［《火力发电厂与变电站设计防火标准》（GB 50229—2019）11.1.12］

（3）供消防车取水的天然水源和消防水池应设置消防车道。消防车道的边缘距离取水点不宜大于2m，天然水源和消防水池的最低水位应满足消防车可靠取水的要求。平面布置时应考虑设置便于消防车接近水体或水池的道路，并设置便于消防车车载泵直接吸水的取水点。由于消防车到达火场后受火灾持续时间影响，大多需要通过消防车加压实施直接灭火和防护冷却。

［《建筑设计防火规范》（GB 50016—2014）7.1.7，《民用建筑设计统一标准》（GB 50352—2019）5.5.13］

（4）消防车的吸水高度一般不大于6m，吸水管长度也有一定的限制。为保证应急救援时消防车快速就近取水，需满足不宜大于2m的要求，亦可以通过设置接近水源的专门消防车道来解决。取水口可以是消防水池顶板开孔洞（见图3-3），也可以采用与水池连通的取水口（井）。具体详见本书6.2.2。

图3-3　消防取水口（消防水池顶板开孔洞）布置示意图

（5）消防车道靠建筑外墙一侧的边缘距离建筑外墙不宜小于5m。消防车道与建筑外墙的水平距离应满足消防车安全通行的要求，位于建筑消防扑救面一侧兼作消防救援场地的消防车道应满足消防救援作业的要求。

[《建筑设计防火规范》（GB 50016—2014）7.1.8]

（6）消防车道与建筑消防扑救面之间不应有妨碍消防车操作的障碍物，不应有影响消防车安全作业的架空高压电线。

[《建筑设计防火规范》（GB 50016—2014）7.1.8]

（7）消防车道的净宽度和净空高度均不应小于4m，转弯半径不应小于9m，坡度应满足消防车满载时正常通行的要求，且不应大于10%，路面及其下面的建筑结构、管道、管沟等，应满足承受消防车满载时压力的要求。

[《建筑防火通用规范》（GB 55037—2022）3.4.5]

（8）考虑到运维检修的需求，目前变电站内常设有停车位，部分条件较好的站也会设有小型停车库。根据汽车使用易燃、可燃液体为燃料，容易引起火灾的特点，与站内建筑物间距应符合表3-11的要求。

表3-11　停车场与站内生产、生活建筑的防火间距　　　单位：m

名称和耐火等级	站内生产、生活建筑		
	一、二级	三级	四级
一、二级汽车库	10	12	14
三级汽车库	12	14	16
停车场	6	8	10

[《汽车库、修车库、停车场设计防火规范》（GB 50067—2014）4.2.2]

（9）停车场与相邻的一、二级耐火等级建筑之间，当相邻建筑的外墙为无门、窗、洞口的防火墙，或比停车部位高15m范围以下的外墙均为无门、窗、洞口的防火墙时，防火间距可不限。

[《建筑设计防火规范》（GB 50067—2014）4.2.3]

第**4**章

建（构）筑物

防火设计

本章主要内容为变电站建（构）筑物防火设计要点。建筑防火设计是防止建筑火灾事故、减少火灾危险性的根本途径之一。在建筑设计中保证人员在火灾时安全疏散，并使消防设施有利于控制和扑救火灾，充分体现"主动防火"和"被动防火"相结合的理念。

本章主要包括建筑防火基本概念、平面布置与防火分隔、安全疏散与救援、防爆泄压、防火构造、建筑装修等要点。

4.1 建筑防火基本概念

4.1.1 火灾危险性及耐火等级

建（构）筑物的火灾危险性应根据生产中使用或产生的物质性质及其数量等因素分类。为确保变电站的安全运行，站内各建（构）筑物的耐火等级应根据其设备及运行过程中的火灾危险性类别进行设计。根据《火力发电厂与变电站设计防火标准》（GB 50229—2019）11.1.1 及本书第 2 章相关内容，确定变电站内建（构）筑物的火灾危险性分类及其耐火等级，如表 4-1 所示。

表 4-1　　　建（构）筑物的火灾危险性分类及其耐火等级

建（构）筑物名称		火灾危险性分类	耐火等级
主控制楼		丁	二级
继电器室		丁	二级
阀厅		丁	二级
户外直流开关场	单台设备油量 60kg 以上	丙	二级
	单台设备油量 60kg 及以下	丁	二级
	无含油电气设备	戊	二级
配电装置楼（室）	单台设备油量 60kg 以上	丙	二级
	单台设备油量 60kg 及以下	丁	二级
	无含油电气设备	戊	二级
油浸变压器室		丙	一级

建（构）筑物名称		火灾危险性分类	耐火等级
气体或干式变压器室		丁	二级
电容器室（有可燃介质）		丙	二级
干式电容器室		丁	二级
油浸电抗器室		丙	二级
干式电抗器室		丁	二级
柴油发电机室		丙	二级
空冷器室		戊	二级
检修备品仓库	有含油设备	丁	二级
	无含油设备	戊	二级
事故储油池		丙	一级
生活、工业、消防水泵房		戊	二级
水处理室		戊	二级
雨淋阀室、泡沫设备室		戊	二级
污水、雨水泵房		戊	二级

《火力发电厂与变电站设计防火标准》（GB 50229—2019）11.1.2 规定同一建筑物或建筑物的任一防火分区布置有不同火灾危险性的房间时，建筑物或防火分区内的火灾危险性类别应按火灾危险性较大的部分确定，当火灾危险性较大的房间占本层或本防火分区建筑面积的比例小于 5%，且发生火灾事故时不足以蔓延至其他部位或火灾危险性较大的部分采取了有效的防火措施时，可按火灾危险性较小的部分确定。

此外，变电站的耐火能力对限制火灾蔓延扩大和及时进行扑救、减少火灾损失具有重要意义。《建筑防火通用规范》（GB 55037—2022）5.1.6 规定变电站的耐火等级不应低于二级。考虑到地下、半地下建筑（室）发生火灾后，热量不易散失，温度高、烟雾大，燃烧时间长、排烟排热困难，安全疏散和火灾扑救难度大，需要具备较高的耐火性能，《建筑防火通用规范》（GB 55037—2022）5.1.2 规定地下、半地下建筑（室）的耐火等级应为一级。因此，变电站内地下消防泵房、地下电缆层的耐火等级应相应提高。

值得注意的是，屋外配电装置区域布置露天的电气设备以及设备支架和构架，不属于一般的建筑物，现在的电气设备一般是无油或少油电气设备，设备支架和构架多为钢结构，不必按建筑的耐火等级规定构架和支架的耐火要求。

4.1.2 燃烧性能和耐火极限

燃烧性能是指在规定条件下，材料或物质的对火反应特性和耐火性能。按照《建筑材料及制品燃烧性能分级》（GB 8624—2012）的规定，建筑材料及制品燃烧性能基本分为不燃材料（A 级）、难燃材料（B1 级）、可燃材料（B2 级）和易燃材料（B3 级）。建筑物耐火极限是指在标准耐火试验条件下，建筑构件、配件或结构从受到火的作用时起，到失去稳定性、完整性或隔热性时止的这段时间，用小时表示。通常，建筑物构件的耐火极限根据各建筑物耐火等级进行设计。变电站工程的建筑物耐火等级不低于二级，表 4-2 给出了变电站建筑物构件的燃烧性能和最低耐火极限，建筑物各构件的耐火极限不应低于表 4-2 的规定。

表 4-2　　　　　　　　　建筑物构件的燃烧性能和耐火等级

名称			耐火等级	
构件			一级	二级
墙		防火墙	不燃烧体 3.00	不燃烧体 3.00
		承重墙	不燃烧体 3.00	不燃烧体 2.50
		非承重墙	不燃烧体 1.00	不燃烧体 1.00
		楼梯间的墙 电梯井的墙	不燃烧体 2.00	不燃烧体 2.00
		疏散走道两侧的隔墙	不燃烧体 1.00	不燃烧体 1.00
		房间隔墙	不燃烧体 0.75	不燃烧体 0.50
柱			不燃烧体 3.00	不燃烧体 2.50
梁			不燃烧体 2.00	不燃烧体 1.50
楼板			不燃烧体 1.50	不燃烧体 1.00
屋顶承重构件			不燃烧体 1.50	不燃烧体 1.00
疏散楼梯			不燃烧体 1.50	不燃烧体 1.00
吊顶（包括吊顶搁栅）			不燃烧体 0.25	不燃烧体 0.25

对于钢结构变电站，温度达到 600℃时，钢材就基本丧失了全部的刚度和强度，极易发生倒塌。因此，需要设计钢结构专项防火方案，主要的举措包括防火涂料、外包防火板、浇筑混凝土面层等，具体做法和对应的燃烧性能和耐火极限详见《建筑设计防火规范》（GB 50016—2014）的附录，钢结构变电站常见防火措施示例如图 4-1 所示。

（a）柱厚涂防火涂料　　　　　　　（b）踏步采用混凝土面层

图 4-1　钢结构变电站常见防火措施示例

需要注意的是，根据《建筑防火通用规范》（GB 55037—2022）5.1.4、《建筑钢结构防火技术规范》（GB 51249—2017）3.2.1 规定，钢结构应按结构耐火承载力极限状态进行耐火性能验算与防火设计。在此之前，钢结构的防火设计一直采用的是耐火极限法，即通过查找规范或产品检测报告，直接给出满足设计要求的防火涂料厚度。而这种方法的缺陷在于，规范或产品检测报告针对的是特定构件和指定的荷载比。例如：《钢结构防火涂料》（GB 14907—2018）规定中采用的构件是 HN400×200 热镀 H 型钢或 I36b 热镀工字钢。但实际工程中构件截面、荷载比以及受火情况，一般都不同于规范规定。直接套用耐火极限法，往往不能反映钢构件的实际受力情况，构件防火涂料的厚度往往偏不安全或不经济。目前，《建筑钢结构防火技术规范》（GB 51249—2017）中根据不同的构件荷载比和截面形状系数，给出了承载力法和临界温度法两种方法来计算防火涂料的厚度。

在变电站的设计过程中，需特别注意《建筑设计防火规范》（GB 50016—2014）3.2.16、3.2.17 规定 "一、二级耐火等级建筑的屋面板应采用不燃材料。"屋面防水层宜采用不燃、难燃材料，当采用可燃防水材料且铺设在可燃、难燃保温材料上时，防水材料或可燃、难燃保温材料应用不燃材料作保护层。

在设计中，当确需采用金属夹芯板材，如铝锰镁复合墙板、镀铝锌复合墙板时，其芯材应为不燃材料，且只能用于非承重的幕墙板，不得用作自承重墙体和屋面。板材燃烧性能需提供质检报告，幕墙龙骨承载力需经过验算。

4.1.3 建筑物防火分区

防火分区是指在建筑内部采用防火墙、楼板及其他防火分隔设施分隔而成，能在一定时间内防止火灾向同一建筑的其余部分蔓延的局部空间。防火分区是在建筑内部人为划分的一个用于控制火灾蔓延、减少火灾危害或者损失的局部空间，用分区的建筑面积表示。防火分区主要有按竖向和水平方向进行划分两种方式。在竖向（即沿建筑高度方向），一般按自然楼层划分，主要采用耐火楼板进行分隔；在水平方向，主要采用防火墙等进行分隔。

防火分区的建筑面积是大多数建筑防火设计的一项重要控制指标，建筑物内的人员安全疏散和消防给水、通风、电气等防火设计，均与防火分区的划分和分隔方式紧密相关。根据《建筑设计防火规范》（GB 50016—2014）和《火力发电厂与变电站设计防火标准》（GB 50229—2019），变电站建筑物防火分区的最大允许建筑面积应符合表 4-3 的规定。

表 4-3 每个防火分区的最大允许建筑面积

火灾危险性类别	耐火等级	每个防火分区的最大允许建筑面积（m²）		
		单层建筑	多层建筑	地下、半地下室
		依据《建筑设计防火规范》（GB 50016—2014）3.3.1		依据《火力发电厂与变电站设计防火标准》（GB 50229—2019）11.2.6
丙	一级	不限	6000	1000
	二级	8000	4000	1000
丁	一级	不限	不限	1000
	二级	不限	不限	1000
戊	一级	不限	不限	1000
	二级	不限	不限	1000

注 地下、半地下室设置自动灭火系统时，其防火分区面积增大 1 倍；当局部设置自动灭火系统时，增加面积可按该局部面积的 1 倍计算。

4.2 建筑平面布置与防火分隔

4.2.1 基本原则

　　一座变电站建筑中涵盖多种功能房间，这其中既包括电气功能房间，如气体绝缘金属封闭开关设备（GIS）室、开关室、主变压器室、二次设备室等，也包括其他非电气功能房间，如辅助用房、消防控制室、排烟机房等。一般来说，变电站房间的空间组合类型可简化为单列式和多列式两种。单列式即各功能房间由同一个空间（走廊、门厅等）组织在一起而成为整体的房间关系，一般为疏散走道单侧有房间；多列式即大的母空间并联许多小的子功能模块，一般为疏散走道两侧有房间。

　　在建筑平面布置过程中，建筑的防火疏散对各功能房间起到流线连接的作用。合理的疏散走道和安全出口不仅可以满足运维人员日常的巡视检修任务，也能保证火灾应急情况下人员的安全逃生。对于变电站而言，全户内站单栋建筑功能用房多，集成度较高，一般采用多列式；半户内站单栋建筑功能用房少，一般采用并联式。下面以两类变电站平面图为例，直观展示两种类型的拓扑组合，如图4-2所示。设计时应规划好疏散走廊与设备功能房间的关系，做

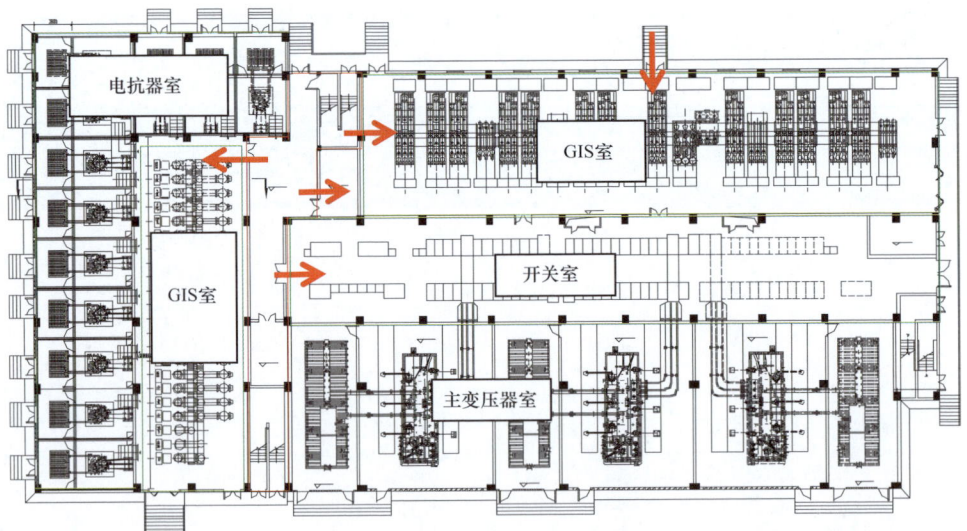

（a）多列式布置

图4-2　两种组合类型在变电站中应用（一）

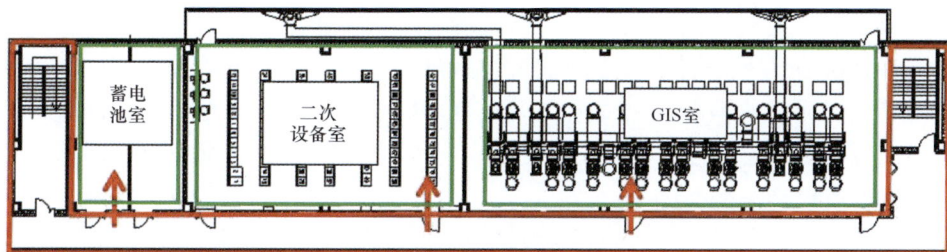

（b）并列式布置

图4-2 两种组合类型在变电站中应用（二）

到运输、生产与疏散共用，进而提升变电站防火性能，降低造价。

4.2.2 消防设施用房布置

在变电站的非电气功能房间中，与消防设施相关的房间主要包括消防控制室（应急操作室）、消防水泵房、雨淋阀室、排烟机房。这类房间在全站消防中起到中枢的作用，因此，布置时既要满足设备、管线的安装空间，又要充分满足人员巡视及确保房间的自身安全等要求。根据《建筑防火通用规范》（GB 55037—2022），此类房间均应采用防火门、防火窗与其他区域分隔。其中，消防控制室（应急操作室）、消防泵房应采用耐火极限不低于 2.0h 的防火隔墙和耐火极限不低于 1.5h 的楼板与其他部位分隔，其他应采用耐火等级不低于 2.0h 的防火隔墙和耐火等级不低于 1.0h 的楼板与其他部位分隔。具体布置要求如下。

1. 消防控制室（应急操作室）

设置火灾自动报警系统和需要联动控制的消防设备的建筑（群）应设置消防控制室，无人值守变电站则需要配置应急操作室。其布置应符合下列规定：

（1）设备面盘前的操作距离，单列布置时不应小于 1.5m；双列布置时不应小于 2m；在值班人员经常工作的一面，设备面盘至墙的距离不应小于 3m；设备面盘后的维修距离不宜小于 1m；设备面盘的排列长度大于 4m 时，其两端应设置宽度不小于 1m 的通道；与建筑其他弱电系统合用的消防控制室内，消防设备应集中设置，并应与其他设备间有明显间隔。

[《火灾自动报警系统设计规范》（GB 50116—2014）3.4.8]

（2）单独建造的消防控制室，耐火等级不应低于二级；消防控制室应位于建筑的首层或地下一层，疏散门应直通室外或安全出口；消防控制室的环境条件不应干扰或影响消防控制室内火灾报警与控制设备的正常运行；消防控制室内不应敷设或穿过与消防控制室无关的管线；消防控制室应采取防水淹、防潮、防啮齿动物等的措施。

［《建筑防火通用规范》（GB 55037—2022）4.1.8］

2. 消防水泵房

消防水泵房相关技术要求详见本书第 6 章，其室内布置应符合下列规定：

（1）相邻两个机组及机组至墙壁间的净距，当电机容量小于 22kW 时，不宜小于 0.60m；当电动机容量不小于 22kW 且不大于 55kW 时，不宜小于 0.8m；当电动机容量大于 55kW 且小于 255kW 时，不宜小于 1.2m；当电动机容量大于 255kW 时，不宜小于 1.5m。当消防水泵就地检修时，应至少在每个机组一侧设消防水泵机组宽度加 0.5m 的通道，并应保证消防水泵轴和电动机转子在检修时能拆卸；消防水泵房的主要通道宽度不应小于 1.2m。

［《建筑给水及消火栓系统技术规范》（GB 50974—2014）5.5.2］

（2）单独建造的消防水泵房，耐火等级不应低于二级；消防水泵房不应设置在建筑的地下三层及以下楼层；消防水泵房的疏散门应直通室外或安全出口；消防水泵房的室内环境温度不应低于 5℃；消防水泵房应采取防水淹等的措施。

［《建筑防火通用规范》（GB 55037—2022）4.1.7］

（3）为方便大型消防设备安装和检修，泵房上方一般设置有起重设备。是否设有起重设备，对于泵房的高度要求是不同的。当采用固定吊钩或移动吊架时，其泵房净高不应小于 3m；当采用单轨起重机时，应保持吊起物底部与吊运所越过物体顶部之间有 0.5m 以上的净距；当采用桁架式起重机时，还应另外增加起重机安装和检修空间的高度。

［《建筑给水及消火栓系统技术规范》（GB 50974—2014）5.5.6］

如图 4-3 所示，以某变电站泵房为例，运输大门位于泵房右侧，因此泵房高度取决于最内侧的消防泵和气压罐。其中，气压罐的安装和检修需抬离地面管网，消防泵的检修需跨越近端消防泵。对于建筑净高的要求如表 4-4 所示。具体尺寸可参见《消防给水稳压设备选用与安装》（17S205 图集）。

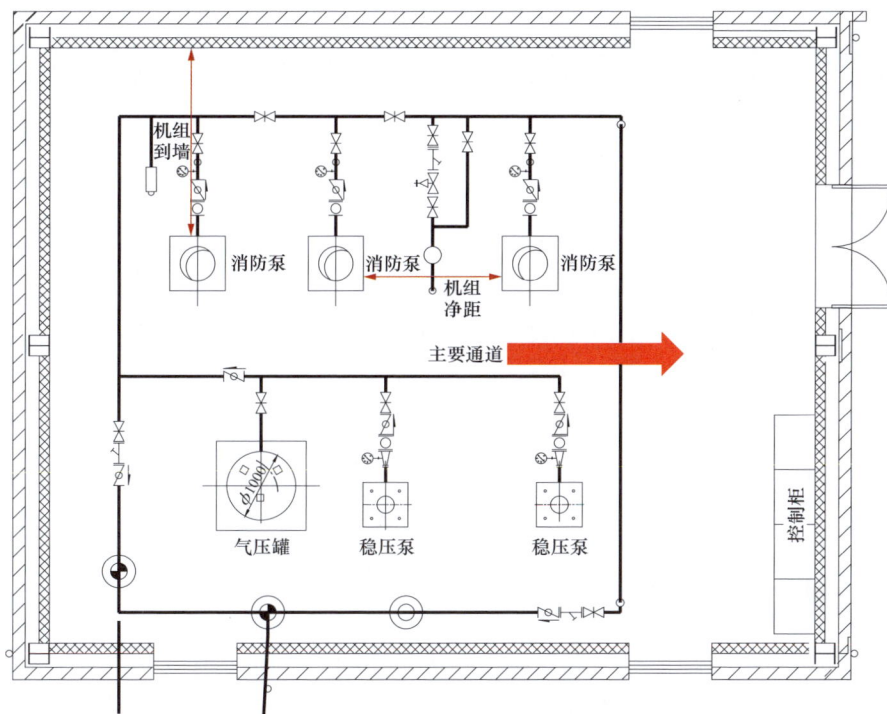

图 4-3　某变电站泵房布置示意图

表 4-4　　　　　　　　　　　　　某变电站泵房净高计算示例

图例	尺寸含义
	A—设备基础高度；B—吊运离地净距；C—气压罐设备高度；D—吊绳高度，取 1.2 倍气压罐直径；E—手动葫芦尺寸，手动葫芦本体 + 轨道小车；F—H 型钢轨道尺寸

图例	尺寸含义
	A—设备基础高度；B—消防泵本体高度；C—吊运净距；D—吊绳高度，取 1.2 倍电机直径；E—手动葫芦尺寸；F—H 型钢轨道尺寸 300mm

3. 雨淋阀室

变电站中雨淋阀室可单独布置，亦可与消防水泵合用消防泵房，相关技术要求详见本书第 6 章。其室内布置应符合下列规定：

（1）雨淋阀组宜设置在温度不低于 4℃并有排水设施的室内。设置在室内的雨淋报警阀宜距地面 1.2m，两侧与墙的距离不应小于 0.5m，正面与墙的距离不应小于 1.2m，雨淋报警阀凸出部位之间的距离不应小于 0.5m。

[《水喷雾灭火系统技术规范》（GB 50219—2014）5.3.1]

（2）雨淋阀宜布置在靠近保护对象并便于人员安全操作的位置。

[《水喷雾灭火系统技术规范》（GB 50219—2014）5.3.2]

4. 排烟机房

排烟机房相关技术要求详见本书第 5 章，其室内布置时排烟风机两侧应有 600mm 以上的空间。

[《建筑防烟排烟系统技术标准》（GB 51251—2017）4.4.5]

4.2.3　建筑防火分隔布置

防火墙是防止火灾蔓延至相邻区域且耐火极限不低于 3.0h 的不燃性墙体，是变电站要求最高的墙体。防火墙应直接设置在建筑的基础或具有相应耐火性能的框架、梁等承重结构上，并应采取防止火灾蔓延至防火墙另一侧的措施。除本书

3.2 论述的位置需要采用防火墙外，变电站内其他防火墙的设置部位如下所示：

（1）在建筑内的防火分区之间应设置防火墙。

[《建筑设计防火规范》（GB 50016—2014）3.3.1、《建筑防火通用规范》（GB 55037—2022）4.1.2]

（2）设置带油电气设备的建（构）筑物与贴邻或靠近该建（构）筑物的其他建（构）筑物之间应设置防火墙。

[《火力发电厂与变电站设计防火标准》（GB 50229—2019）11.2.2]

（3）电缆隧道（或电缆沟）与建筑物外墙相交处，应设置耐火极限不低于3.0h 的防火墙。

[《变电站建筑结构设计技术规程》（DL/T 5457—2012）3.1.9]

防火隔墙是建筑内防止火灾蔓延至相邻区域且耐火极限不低于规定要求的不燃性墙体。防火隔墙的耐火极限要求一般较防火墙低，但高于普通房间隔墙，其要求不低于 1.0h，多数防火隔墙要求不低于 2.0h，也有少数耐火极限要求为 3.0h。变电站内防火隔墙的设置要求如下：

（1）甲、乙、丙类建筑内布置有不同火灾危险性类别的房间，应采用耐火极限不低于 2.0h 的防火隔墙与其他部位分隔，墙上的门、窗应采用乙级防火门、窗。

[《建筑设计防火规范》（GB 50016—2014）6.2.3]

（2）附设在建筑内的消防控制室、灭火设备室、消防水泵房和通风空气调节机房、变配电室等，应采用耐火极限不低于 2.0h 的防火隔墙与其他部位分隔。

[《建筑设计防火规范》（GB 50016—2014）6.2.7、《消防给水及消火栓系统技术规范》（GB 50974—2014）5.5.12]

（3）直接服务于生产的办公室、休息室等辅助用房应采用耐火极限不低于2.0h 的防火隔墙和耐火极限不低于 1.0h 的楼板与厂房内的其他部分分隔，并应设置至少 1 个独立的安全出口。

注：对于变电站而言，这里的辅助用房一般指保障生产人员职业健康所需的房间，如保电值班室、警卫室、备餐间等；或保障生产所需的设备用房，如备品备件室、防汛器材室等。当辅助用房建筑面积较小且分散布置时，其防火要求可视作与所在区域对应类别火灾危险性的生产场所相同，可不执行本条规定；而当辅助用房的建筑面积较大且布置集中时，应执行本条规定。

[《建筑防火通用规范》（GB 55037—2022）4.2.2]

（4）属于不同主变压器的屋内并联电容器装置之间，电容器组总油量在2500kg以下时，宜设置防火隔墙；变压器组总油量在2500kg以上时，需采用防火墙，详见本书3.2.2。

[《并联电容器装置设计规范》（GB 50227—2017）9.1.2]

（5）地下楼层的疏散楼梯间与地上楼层的疏散楼梯间，应在直通室外地面的楼层采用耐火极限不低于2.0h且无开口的防火隔墙分隔。

[《建筑防火通用规范》（GB 55037—2022）7.1.10]

（6）地下或半地下建筑的疏散楼梯间，应在首层采用耐火极限不低于2.0h的防火隔墙与其他部位分隔并应直通室外。

[《建筑设计防火规范》（GB 50016—2014）6.4.4]

（7）应在每组蓄电池之间设耐火时间大于2.0h的防火隔断。

[《电力设备典型消防规程》（DL 5027—2015）10.6.1]

下面以110kV全户内站和220kV全户内站的两个典型方案为例，说明防火墙、防火隔墙和普通隔墙设置的具体位置。

110kV全户内站方案，全站建筑为一栋配电装置楼，火灾危险性为丙类，耐火极限为一级。变电站内防火墙、防火隔墙、普通隔墙的位置如图4-4所示。

220kV全户内站方案，全站建筑为一栋配电装置楼，火灾危险性为丙类，耐火极限为一级。变电站内防火墙、防火隔墙、普通隔墙的位置如图4-5所示。

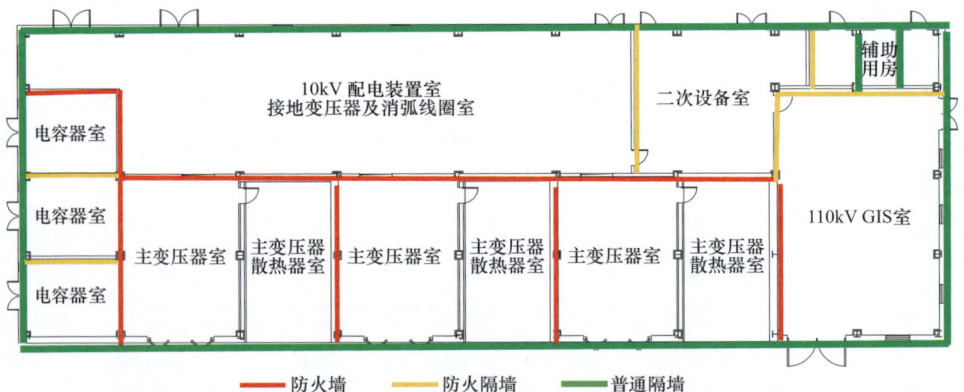

图4-4　110kV全户内站防火墙、防火隔墙、普通隔墙具体位置图

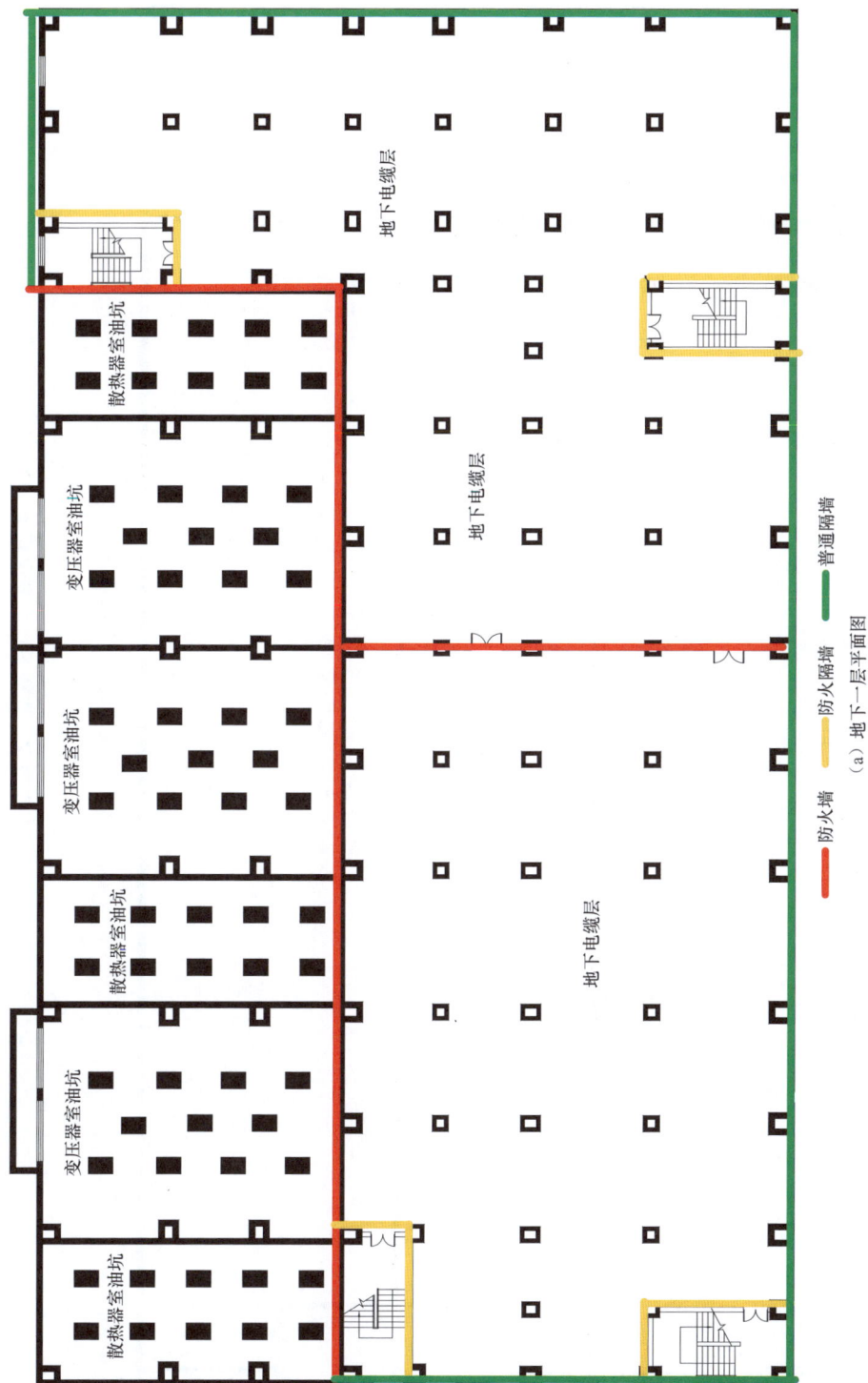

（a）地下一层平面图

——— 防火墙　　——— 防火隔墙　　——— 普通隔墙

图 4-5　220kV 全户内站防火墙、防火隔墙、普通隔墙具体位置图（一）

散热器室油坑　变压器室油坑　变压器室油坑　散热器室油坑　变压器室油坑　散热器室油坑

地下电缆层

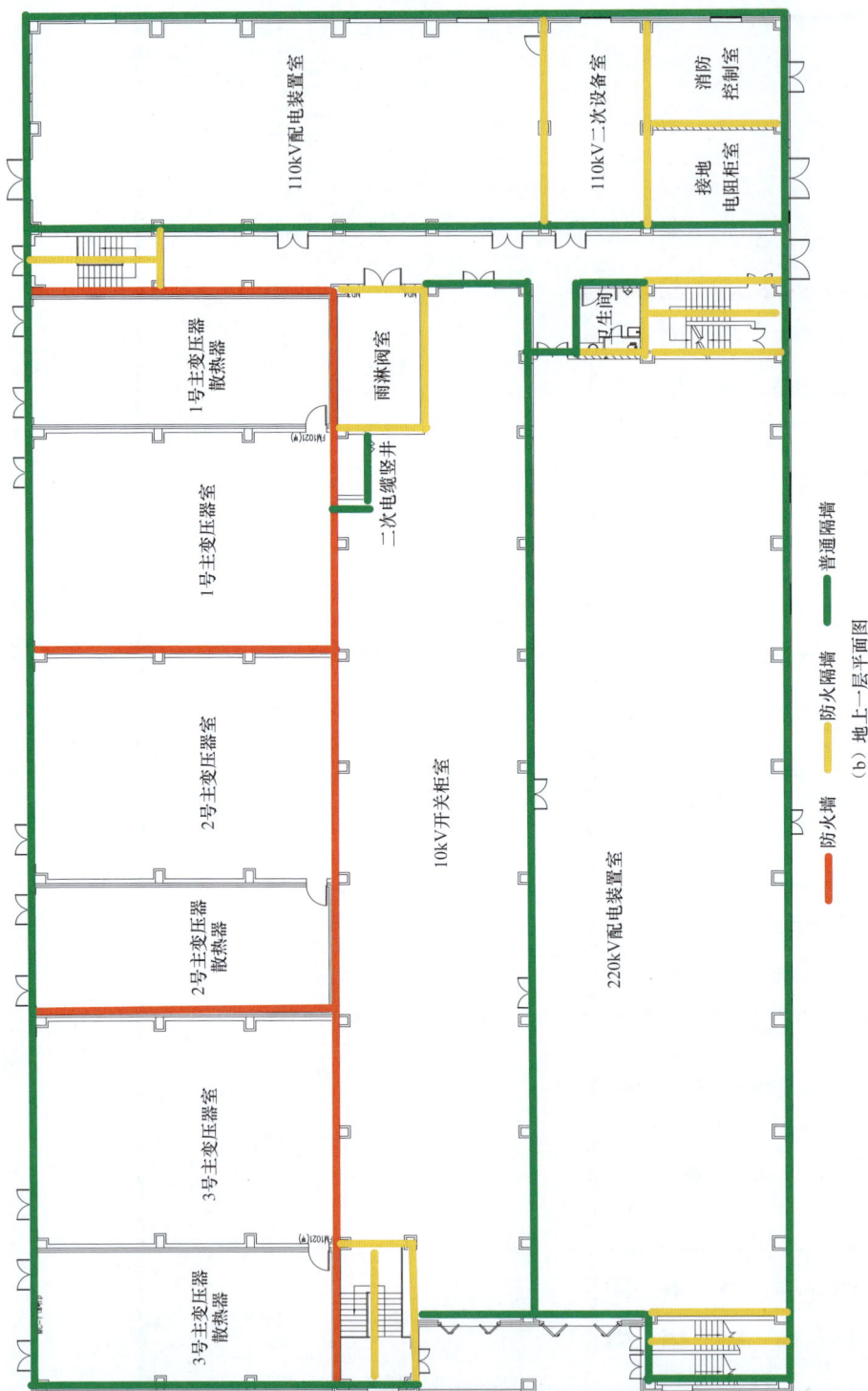

110kV配电装置室

110kV二次设备室

接地
电阻柜室

消防
控制室

卫生间

1号主变压器
散热器

雨淋阀室

1号主变压器室

二次电缆竖井

2号主变压器室

2号主变压器
散热器

10kV开关柜室

220kV配电装置室

3号主变压器室

3号主变压器
散热器

防火墙　　　防火隔墙　　　普通隔墙

(b) 地上一层平面图

图4-5　220kV全户内站防火墙、防火隔墙、普通隔墙具体位置图（二）

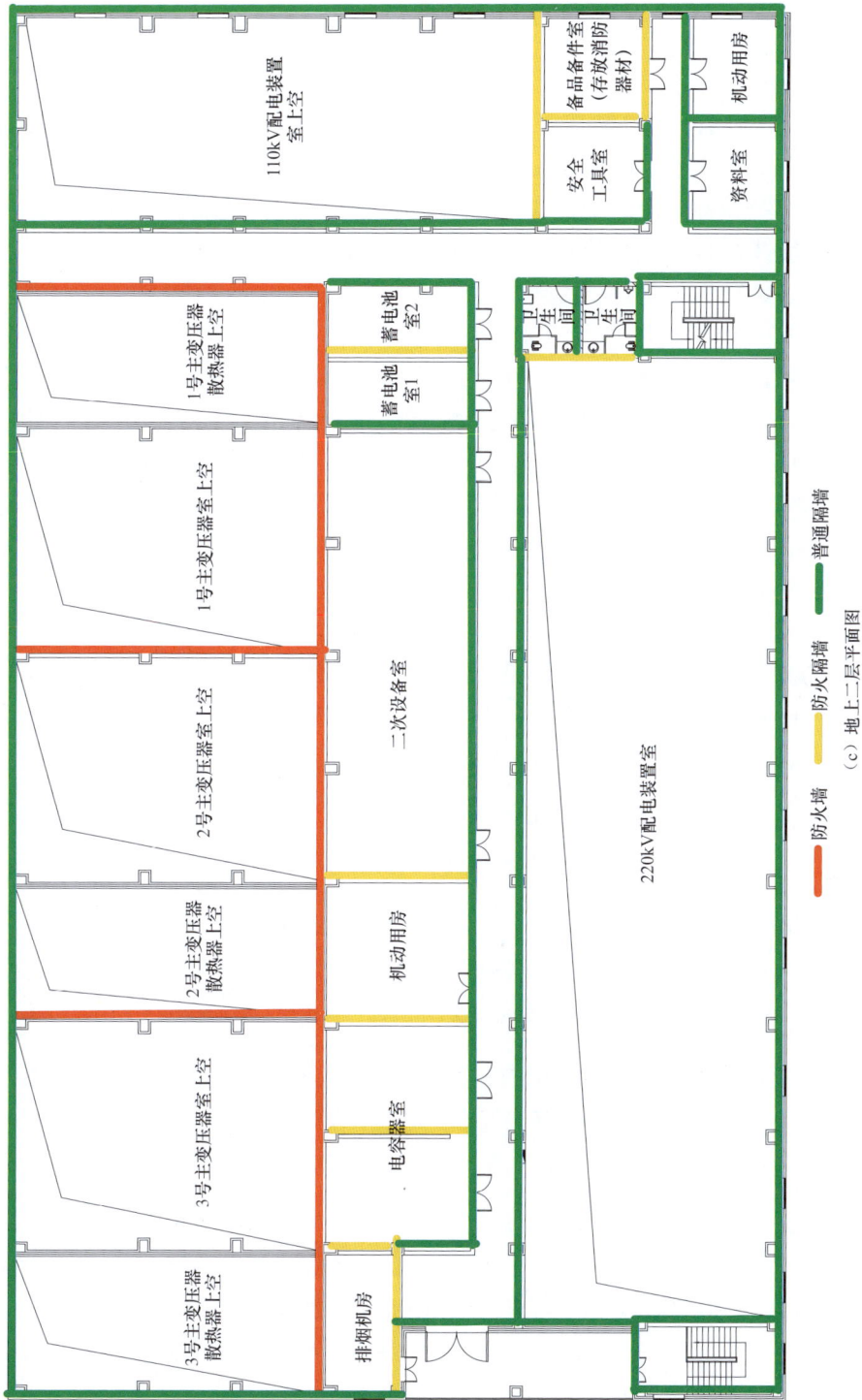

图 4-5 220kV 全户内站防火墙、防火隔墙、普通隔墙具体位置图（三）

(c) 地上二层平面图

防火墙　　防火隔墙　　普通隔墙

4.2.4 防火门窗布置

防火门是指在一定时间内，连同门框架能满足耐火稳定性、完整性和隔热性要求的门，其应当保证在火灾时能自行关闭或者人工能方便控制启闭。

防火窗是指在一定时间内，安装的防火玻璃连同框架能满足耐火稳定性和耐火完整要求的窗。从功能上看，防火窗应是固定的，如果必须要能开启，则应具有保证在火灾时能自行关闭的功能。

防火门按耐火极限分为三级：甲级防火门的耐火极限 1.5h；乙级防火门的耐火极限 1.0h；丙级防火门的耐火极限 0.5h。防火门的构造和性能等应符合《防火门》（GB 12955—2008）的有关规定。防火窗按耐火极限分为三级：甲级防火窗的耐火极限 1.5h；乙级防火窗的耐火极限 1.0h；丙级防火窗的耐火极限 0.5h。防火门、窗的设置部位要求如下：

（1）正常情况下，防火墙上均不允许开设门、窗、洞口，为满足功能需要必须设置的门、窗应为甲级防火门、窗。设置在防火墙上的门、疏散走道在防火分区处设置的门及设置在耐火极限要求不低于 3.0h 的防火隔墙上的门应采用甲级防火门。设置在防火墙和要求耐火极限不低于 3.0h 的防火隔墙上的窗应为甲级防火窗。

[《建筑防火通用规范》（GB 55037—2022）6.4.2、6.4.6，《建筑设计防火规范》（GB 50016—2014）6.1.5]

（2）封闭楼梯间的门应采用乙级防火门。

[《建筑防火通用规范》（GB 55037—2022）6.4.2]

（3）设置在耐火极限要求不低于 2.0h 的防火隔墙上的门应采用乙级防火门，耐火极限不低于 2.0h 的防火隔墙上的窗应采用乙级防火窗。

[《建筑防火通用规范》（GB 55037—2022）6.4.2、6.4.7]

（4）建筑物墙外 5~10m 范围内布置有变压器或可燃介质电容器等电气设备时，在外墙上可设置甲级防火门，设备高度以上可设防火窗，其耐火极限不应小于 0.9h。

[《火力发电厂与变电站设计防火标准》（GB 50229—2019）11.2.1]

（5）附设在建筑内的消防水泵房，通风、空气调节机房开向建筑内的门应采用甲级防火门，消防控制室、雨淋阀室和其他设备房开向建筑内的门应采用乙级防火门。变电站中存放消防器材的房间也需要设置乙级防火门。

[《建筑设计防火规范》（GB 50016—2014）6.2.7、《消防给水及消火栓系统技术》（GB 50974—2014）5.5.12]

（6）地下油浸式变压器室门应向公共走道方向开启，且应采用甲级防火门。

[《火力发电厂与变电站设计防火标准》（GB 50229—2019）11.2.4]

（7）干式变压器室、电容器室门开向公共走道的门，蓄电池室、电缆夹层、继电器室、通信机房、配电装置室开向公共走道的门或其他房间的门应采用乙级防火门。配电装置室的中间隔墙上的门可采用分别向不同方向开启且宜相邻的 2 个乙级防火门。

[《火力发电厂与变电站设计防火标准》（GB 50229—2019）11.2.4]

（8）甲、乙、丙类建筑内布置有不同火灾危险性类别的房间之间的门、窗，应采用乙级防火门、窗。比如，变电站二次设备室开向配电装置室、高压配电装置室开向低压配电装置室的门应采用乙级防火门。

[《建筑设计防火规范》（GB 50016—2014）6.2.3]

（9）通向室外楼梯的门应采用乙级防火门，并应向外开启。

[《建筑设计防火规范》（GB 50016—2014）6.4.5]

（10）电气竖井、管道井、排烟道等竖井井壁上的检查门应设置防火门。其中，层间无防火分隔的竖井，门的耐火性能不应低于乙级防火门；有防火分隔的，不应低于丙级防火门。

[《建筑设计防火规范》（GB 50016—2014）6.2.9、《建筑防火通用规范》（GB 55037—2022）6.4.4]

（11）设置在丙类厂房内的辅助用房应采用防火门、防火窗。

注：详见本书 4.2.3 中防火隔墙（3）的注。

[《建筑防火通用规范》（GB 55037—2022）4.2.2]

下面以 110kV 全户内站和 220kV 全户内站的两个典型方案为例，来说明防火门、防火窗设置的具体位置，如图 4-6 和图 4-7 所示。

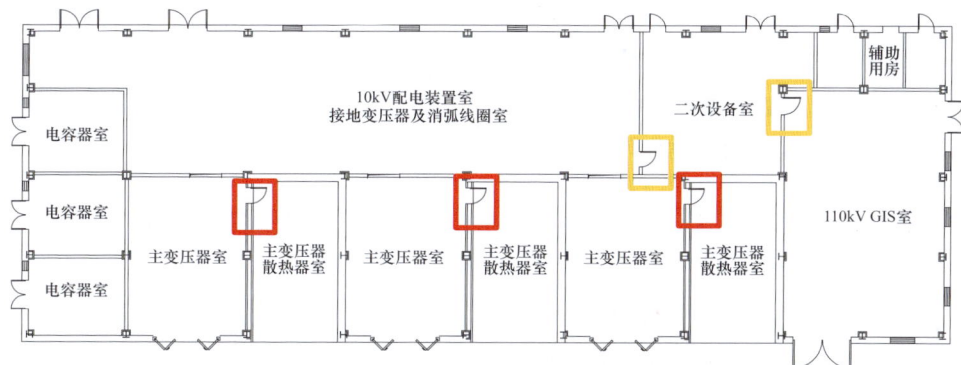

图 4-6　110kV 全户内站甲、乙、丙级防火门具体位置图

图4-7 220kV全户内站甲、乙、丙级防火门具体位置图（一）

（a）地下一层平面图

甲级防火门　乙级防火门　丙级防火门

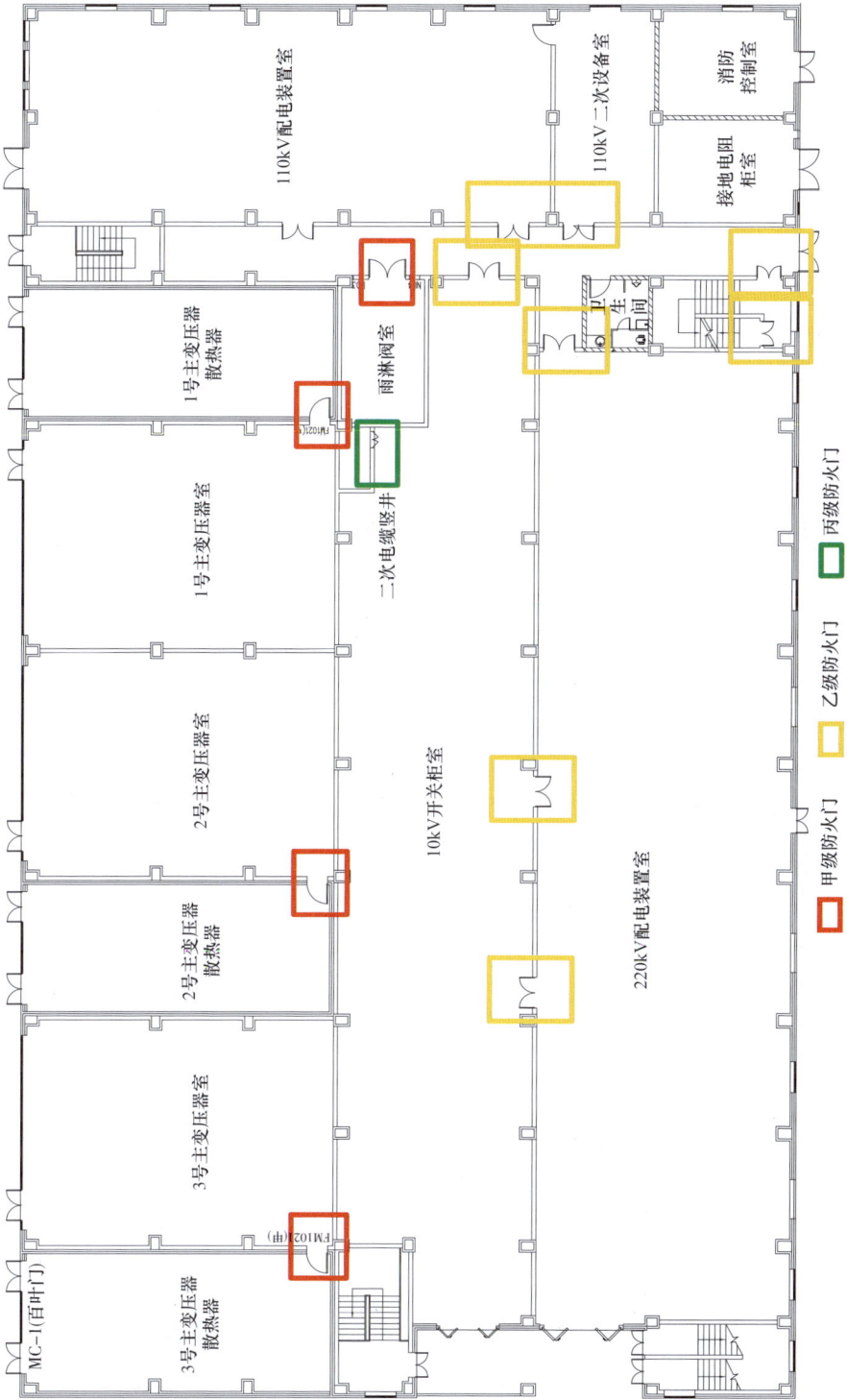

图 4-7 220kV 全户内站甲、乙、丙级防火门具体位置图（二）

（b）地上一层平面图

甲级防火门　乙级防火门　丙级防火门

图4-7 220kV全户内站甲、乙、丙级防火门具体位置图（三）

(c) 地上二层平面图

■ 甲级防火门　　■ 乙级防火门　　■ 丙级防火门

4.3 建筑安全疏散与救援

4.3.1 安全疏散

安全疏散是指在发生火灾情况下，使建筑物（或场所）内的人员安全撤离到没有危险的安全区域的过程。在疏散过程中，从活动场所（或使用房间）内向外撤离时，首先要经过该场所（或使用房间）的门（或出口）即疏散门，再通过疏散走道即用于人员疏散通行至安全出口或相邻防火分区的走道，进入供人员安全疏散用的楼梯间、室外楼梯的出入口或直通室内外安全区域的出口即安全出口，最终到达安全地带。其中，安全出口和疏散门统称为疏散出口。疏散门、疏散走道、安全出口示意如图 4-8 所示。

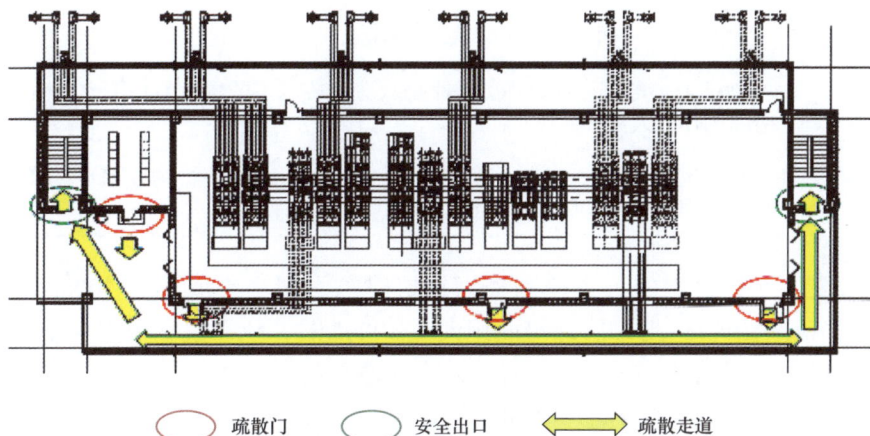

| ◯ 疏散门   ◯ 安全出口   ⬅⬆➡ 疏散走道 |

图 4-8   疏散门、疏散走道、安全出口示意图

在设计工作中，需要重视疏散走道与疏散通道的区别。疏散通道一般在室内，如 GIS 室、开关室等设备间的人员行进通道。而疏散走道是指连接房间门至楼层上进入疏散楼梯、疏散楼梯间的入口，直接通向室外的出口等安全出口的廊道。因此，疏散通道的防火性能与所在房间或区域的安全性相同，而疏散走道则不然，其防火防烟性能较进入疏散走道前的室内空间更加安全。

对于具体工程项目的设计而言，不仅需要设置合理的疏散走道和安全出口以满足相关防火规范的要求，又要将安全疏散与变电站建设安装、运行维护、技改扩建等功能需求相结合，并兼顾工程的经济性。下面从安全出口、疏散距离、疏散走道和疏散门三个方面详细论述。

1. 安全出口

《建筑防火通用规范》（GB 55037—2022）7.1.2 规定"建筑中的疏散出口应分散布置，房间疏散门应直接通向安全出口，不应经过其他房间。"变电站内每个防火分区或者一个防火采用防火分区内的每个楼层、每个使用单元的安全出口的数量，须根据建筑耐火等级、建筑层数、建筑面积、使用人数、疏散距离等因素经计算确定。每个防火分区或者一个防火采用防火分区内的每个楼层的安全出口不应少于 2 个，当符合表 4–5 中所列的条件时，可设置一个安全出口。

表 4–5 　　　　　　　　允许设置一个安全出口规范要求

序号	规范要求
1	丙类建筑，每层建筑面积不大于 250m²，且同一时间的作业人数不超过 20 人
2	丁、戊类建筑，每层建筑面积不大于 400m²，且同一时间的作业人数不超过 30 人
3	丙类地下或半地下生产场所，一个防火分区或楼层的建筑面积不大于 50m² 且同一时间的作业人数不超过 15 人
4	丁、戊类地下或半地下生产场所，一个防火分区或楼层的建筑面积不大于 200m² 且同一时间的作业人数不超过 15 人

与表 4–5 相对应的，主控制楼当每层建筑面积小于或等于 400m² 时，可设置 1 个安全出口；当每层建筑面积大于 400m² 时，应设置 2 个安全出口，其中 1 个安全出口可通向室外楼梯。《火力发电厂与变电站设计防火标准》（GB 50229—2019）省去了"同一时间的作业人数"，加入了对应的功能房间场景，执行起来更方便。

此外，《火力发电厂与变电站设计防火标准》（GB 50229—2019）11.2.8 规定"地下变电站、地上变电站的地下室、半地下室安全出口数量不应少于 2 个。地下室与地上层不应共用楼梯间，当必须共用楼梯间时，应在地上首层采用耐火极限不低于 2h 的不燃烧体隔墙和乙级防火门将地下或半地下部分与地上部分的连通部分完全隔开，并应有明显标志。"《建筑防火通用规范》（GB 55037—2022）7.1.10 则规定"地下楼层的疏散楼梯间与地上楼层的疏散楼梯间，应在直通室外地面的楼层采用耐火极限不低于 2.0h 且无开口的防火隔墙分隔。"该规定主要是为了防止火灾和烟气通过疏散楼梯间相互蔓延，避免人员在应急疏散过程从地下楼层上来后误入地上楼层的楼梯间继续上行，或从上部楼层下来的疏散人员误入地下楼层。所以应使地下楼层和地上楼层出口在首层位于不同位置，并尽可能分别直通室外。具体应用案例如图 4-9 所示。

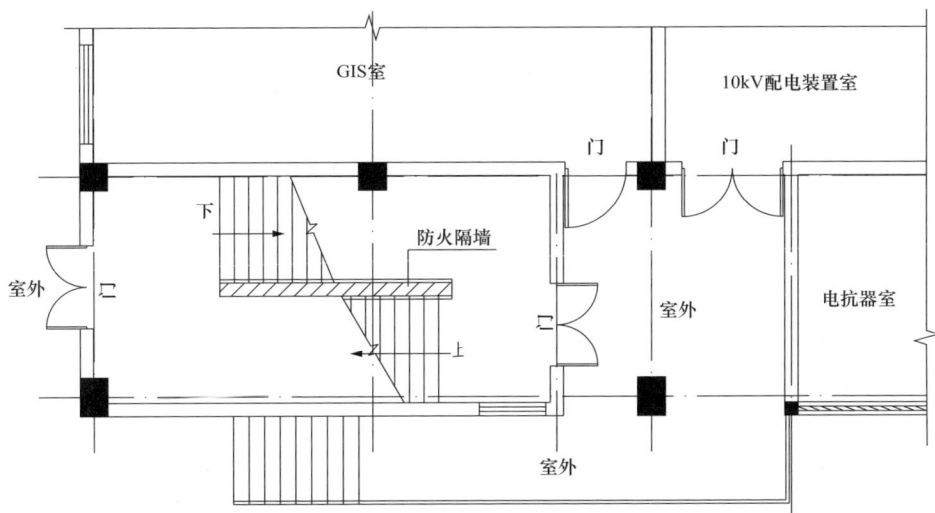

图 4-9　地下、地上疏散楼梯间防火分隔示意图

　　若变电站地下室超过一个防火分区的要求，每个防火分区的疏散楼梯均通至地面可能较困难，甚至无法做到。根据《建筑设计防火规范》（GB 50016—2014）3.7.3 的规定，地下或半地下室当有多个防火分区相邻布置，并采用防火墙分隔时，每个防火分区可利用防火墙上通向相邻防火分区的甲级防火门作为第二安全出口，但每个防火分区必须至少有 1 个直通室外的独立安全出口。因此，在保证每个防火分区至少有 1 个直通地面的安全出口的情况下，允许利用设置在通向相邻防火分区的防火墙上的门作为第二安全出口。以某变电站地下电缆层为例，总建筑面积约 2100m^2，共分为三个防火分区，单个分区面积小于或等于 1000m^2。每个防火分区安全出口布置如图 4-10 所示，图中★表示直通地面的楼梯间，▲表示利用相邻防火分区的安全出口。

　　确定了安全出口的数量，出口的距离也需要避免因疏散人流不均而产生局部拥挤，或因相邻疏散出口过近而同时被火灾烟气封堵，使人员不能脱离危险环境从而造成重大伤亡事故。《建筑设计防火规范》（GB 50016—2014）3.7.1 规定"每个防火分区或一个防火分区内的每个楼层，其相邻两个安全出口的最近边缘之间的水平距离均不应小于 5m。"

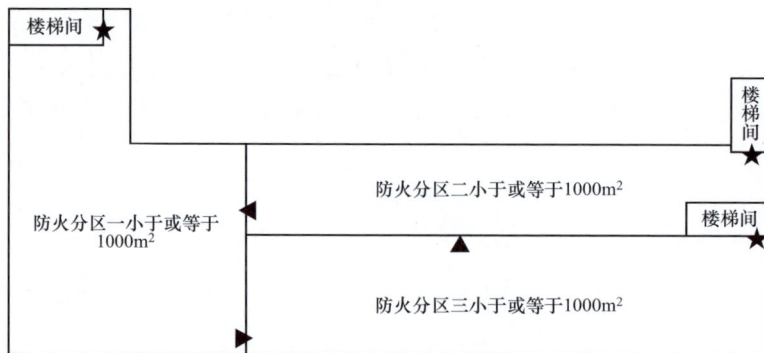

图 4–10 某变电站地下电缆层疏散示意图

2. 疏散距离

变电站的疏散距离主要按照建筑内任一点到安全出口以及建筑内任一点到疏散门的距离两个要求进行控制，且两者均需满足。

（1）建筑内任一点到安全出口。

变电站建筑内任一点至最近安全出口的直线距离不应大于表 4–6 的规定，这里的"直线距离"，只算到室内的疏散门是不够的，到达安全出口才视为到了安全地带，即必须包括从室内到疏散门和疏散门到安全出口两段距离之和。

表 4–6　　　　室内任一点至最近安全出口的直线距离　　　　单位：m

生产的火灾危险性类别	耐火等级	单层变电站	多层变电站	地下或半地下变电站（包括地下或半地下室）
丙	一、二级	80	60	30
丁	一、二级	不限	不限	45
戊	一、二级	不限	不限	60

[《建筑设计防火规范》（GB 50016—2014）3.7.4]

（2）建筑内任一点到疏散门。

对于变电站的电气功能用房，房间内任一点到房间疏散门直线距离不应超过 30m。

[《火力发电厂与变电站设计防火标准》（GB 50229—2019）条文说明 11.2.5]

对于变电站的附属办公室、休息室等辅助用房，可参照公共建筑和住宅建筑的相关规定：房间内任一点至房间疏散门的疏散距离，不应大于建筑中位于袋形走道两侧或尽端房间的疏散门至最近安全出口的最大允许疏散距离。袋形走道两侧或尽端房间的疏散门至最近安全出口的最大允许疏散距离可依据《建筑设计防火规范》（GB 50016—2014）的表 5.5.17 确定，一般可按照22m 控制。

[《建筑防火通用规范》（GB 55037—2022）7.1.3]

3. 疏散走道及疏散门

关于疏散走道及疏散门的尺寸，根据《建筑防火通用规范》（GB 55037—2022）7.1.4、7.1.5 的规定，疏散出口门、室外疏散楼梯的净宽度均不应小于0.8m，疏散走道、首层疏散外门的净宽度均不应小于 1.1m，疏散通道、疏散走道、疏散出口的净高度均不应小于 2.1m。

需要注意，这里的"净宽度""净高度"是门安装后可通行的宽度和高度，设计时需要扣除门套厚度。例如，结合我国有关门窗的模数规定，0.8m 的净宽度对应门洞的最小宽度至少为 0.9m，2.1m 高的净高度对应门洞的最小高度至少为 2.2m。如果是装配式钢结构变电站，门套一般由龙骨和铝合金板制成，少部分变电站采用一体化门套，尺寸需要适当加宽。

疏散走道和疏散门是人员应急通行的生命线，必须保证畅通无阻，尽量避免高度、宽度方向上的障碍，相关标准对此均提出了严格的要求，如《建筑防火通用规范》（GB 55037—2022）7.1.5 规定"在疏散通道、疏散走道、疏散出口处，不应有任何影响人员疏散的物体，并应在疏散通道、疏散走道、疏散出口的明显位置设置明显的指示标志。"注意核对从室内到安全出口所有疏散通道的净尺寸，如图 4–11 所示。

变电站疏散走道及疏散门不满足要求主要体现在三个方面：①疏散走道存在电气、暖通等设备，导致净宽度不够；②运维单位后期在疏散走道增加其他器材；③疏散门开启之后，门扇影响净宽度。因此，疏散走道的设计需要在统筹多个设备专业的基础上进行。此外，为避免楼梯间内疏散人员与开向楼梯间或疏散走道内的门的影响，《建筑设计防火规范》（GB 50016—2014）6.4.11 规定"开向疏散楼梯或疏散楼梯间的门，当其完全开启时，不应减少楼梯平台的有效宽度。"

变电站内 GIS 室、主变室常采用折叠门或卷帘门，部分折叠门或卷帘门中套一个小门，用于运维人员日常行走。对于此类门能否用于疏散，《建筑防火通用规范》（GB 55037—2022）7.1.6 及实施指南均有明确规定"侧拉门、卷帘

图 4-11   疏散通道和疏散走道

门，包括帘中门，在紧急疏散情况下由于人群惊慌、拥挤而压紧内开门扇使门无法开启，不能保证人群安全和快速疏散，因此不允许用作疏散门"。

4.3.2   疏散楼梯

疏散楼梯是建筑的楼层之间相互联系的竖向通道。供安全疏散的楼梯，是指具有足够防火能力并作为竖向安全疏散通道的室内或室外楼梯。疏散楼梯间是建筑在火灾时的重要竖向疏散通道，其重要性与避难间、避难走道相同，因为楼层上的人员进入疏散楼梯间后就视为通过了安全出口，进入了安全区。因此，疏散楼梯间应具有较高防火、防烟性能，不应存在引发火灾危险或被火灾或烟气侵入的危险，或者即使烟气侵入后仍应能保证进入楼梯间的人员安全疏散。设计时，要根据建筑的高低和具体用途来确定相应疏散楼梯间的形式及防火性能，其宽度、高度、装修等均应满足相关规范的要求。疏散楼梯间的形式一般有如下三种：

（1）封闭楼梯间：在楼梯间入口处设置门，以防止火灾的烟和热气进入的楼梯间。

（2）防烟楼梯间：在楼梯间入口处设置防烟的前室、开敞式阳台或凹廊（统称前室）等设施，且通向前室和楼梯间的门均为防火门，以防止火灾的烟和热气进入的楼梯间。

（3）室外楼梯：是指建筑物楼层的外墙上的楼梯，楼梯的平台和梯段均在室外。

《建筑设计防火规范》（GB 50016—2014）6.4.4、3.7.6 规定"室内地面与室外出入口地坪高差大于 10m 或 3 层及以上的地下、半地下室，其疏散楼梯应采用防烟楼梯间；其他地下或半地下建筑室，其疏散楼梯应采用封闭楼梯间。""甲、乙、丙类多层厂房的疏散楼梯应采用封闭楼梯间或室外楼梯。"因此，绝大部分变电站的疏散楼梯采用封闭楼梯间或室外楼梯两种形式。

1. 一般规定

在楼梯构造（如踏步、扶手、休息平台等）的具体要求上，《建筑设计防火规范》（GB 50016—2014）、《建筑防火通用规范》（GB 55037—2022）涉及较少，《民用建筑通用规范》（GB 55031—2022）中做出了较为详尽的规定。虽然《民用建筑通用规范》（GB 55031—2022）的主要适用对象为民用建筑和公共建筑，对楼梯的要求也不仅是防火疏散，但在变电站长期运维实践中发现，将民用建筑的楼梯构造做法用到变电站中，应急疏散并没有出现过问题，日常通行也能保证基本的安全舒适。因此，本书适度采纳《民用建筑通用规范》（GB 55031—2022）中关于楼梯构造的部分要求。

（1）当梯段改变方向时，楼梯休息平台的最小宽度不应小于梯段净宽，并不应小于 1.2m；当中间有实体墙时，扶手转向端处的平台净宽不应小于 1.3m。直跑楼梯的中间平台宽度不应小于 0.9m。休息平台宽度是人员上下通行安全的保证，关系到变电站运维人员的人身安全，本条是楼梯休息平台宽度的最低要求。在变电站工程设计中，要防范消防管道、钢爬梯等构筑物侵占楼梯间休息平台，导致平台宽度不满足要求的情况。

[《民用建筑通用规范》（GB 55031—2022）5.3.5]

（2）楼梯应至少于单侧设置扶手，梯段净宽达 3 股人流的宽度时应两侧设扶手，当楼梯有扶手时，梯段净宽应考虑扣除墙面装饰的构造厚度和在楼梯间内影响通行宽度的框架柱或其他构件、设施等的突出部位。

[《民用建筑通用规范》（GB 55031—2022）5.3.4]

（3）为避免正对楼梯梯段开门紧临踏步的危险隐患发生，楼梯正对（向上、向下）梯段设置的楼梯间门距踏步边缘的距离不应小于0.6m。考虑当缓冲平台上设有门扇时，门扇与梯段之间的最小安全尺度要求。

[《民用建筑通用规范》（GB 55031—2022）5.3.6]

（4）与英国《跌落、碰撞和撞击的防护》规定梯段、平台净高为2.0m的要求基本一致，《民用建筑通用规范》（GB 55031—2022）5.3.7规定"楼梯休息平台上部及下部过道处的净高不应小于2.0m，梯段净高不应小于2.2m。"《建筑防火通用规范》（GB 55037—2022）将疏散通道净高提高为2.1m，因此变电站楼梯间休息平台及出入口处的高度要求应不小于2.1m。

（5）每个梯段踏步级数不应少于2级，且不应超过18级。楼梯踏步的最小宽度为0.26m，最大高度为0.175m。每个梯段的踏步高度、宽度应一致，相邻梯段踏步高度差不应大于0.01m，且踏步面应采取防滑措施。

[《民用建筑通用规范》（GB 55031—2022）5.3.8~5.3.10，《民用建筑设计统一标准》（GB 50352—2019）6.8.10]

2. 封闭楼梯间

对封闭楼梯间采取的防火措施，主要要求如下：

（1）楼梯的净宽度不应小于1.1m。

[《建筑防火通用规范》（GB 55037—2022）7.1.4]

（2）楼梯间内不应设置烧水间、可燃材料储藏室、垃圾道及其他影响人员疏散的凸出物或障碍物。

[《建筑防火通用规范》（GB 55037—2022）7.1.8]

（3）楼梯间内不应设置或穿过甲、乙、丙类液体管道。

[《建筑防火通用规范》（GB 55037—2022）7.1.8]

（4）楼梯间及其前室内不应设置可燃或助燃气体管道。

[《建筑防火通用规范》（GB 55037—2022）7.1.8]

（5）楼梯间及其前室与其他部位的防火分隔不应使用卷帘。

[《建筑防火通用规范》（GB 55037—2022）7.1.8]

（6）除疏散楼梯间及其前室的出入口、外窗和送风口，疏散楼梯间及其前室或合用前室内的墙上不应设置其他门、窗等开口。

[《建筑防火通用规范》（GB 55037—2022）7.1.8]

（7）自然通风条件不符合防烟要求的封闭楼梯间，应采取机械加压防烟措施或采用防烟楼梯间。

[《建筑防火通用规范》（GB 55037—2022）7.1.8]

（8）楼梯间及其前室上的开口与建筑外墙上的其他相邻开口最近边缘之间的水平距离不应小于 1.0m。当距离不符合要求时，应采取防止火势通过相邻开口蔓延的措施。

[《建筑防火通用规范》（GB 55037—2022）7.1.8]

如图 4-12 所示，变电站楼梯间上开口（包括门、窗、洞口等）与建筑外墙上的其他相邻开口最近边缘之间的水平距离不应小于 1.0m。建筑发生火灾后，楼梯间任一侧的火灾及其烟气可能会通过楼梯间外墙上的开口蔓延至楼梯间内。楼梯间窗口（包括楼梯间的前室或合用前室外墙上的开口）与两侧的门窗洞口之间要保持必要的距离，以确保疏散楼梯间内不被烟火侵袭。当疏散楼梯间及其前室上的开口与建筑外墙上的其他相邻开口最近边缘之间的水平距离不符合要求时，可在开口之间增加防火隔板，也可在开口部位采用耐火性能不低于乙级的防火门、防火窗。

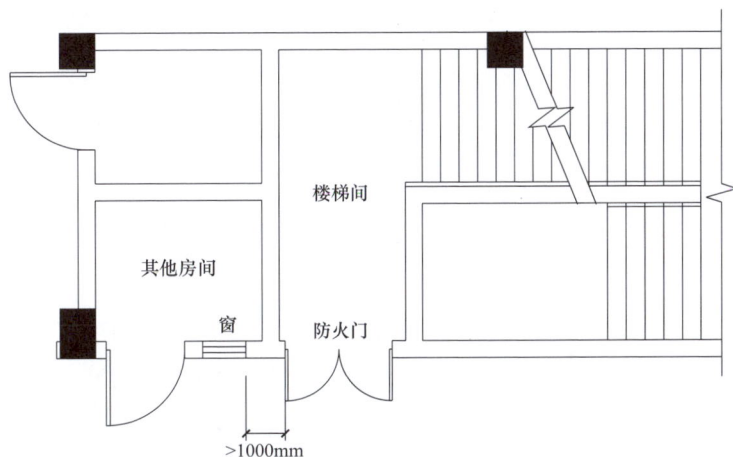

图 4-12　楼梯间开洞与其他相邻开口距离要求示意图

3. 室外楼梯

对室外楼梯采取的防火措施，主要要求如下：
（1）楼梯的净宽度不应小于 0.8m。

[《建筑防火通用规范》（GB 55037—2022）7.1.4]

（2）室外疏散楼梯的栏杆扶手高度不应小于 1.1m，倾斜角度不应大于 45°。

[《建筑防火通用规范》（GB 55037—2022）7.1.11]

（3）除 3 层及 3 层以下建筑的室外疏散楼梯可采用难燃性材料或木结构外，室外疏散楼梯的梯段和平台均应采用不燃材料。

[《建筑防火通用规范》（GB 55037—2022）7.1.11]

（4）除疏散门外，楼梯周围 2.0m 内的墙面上不应设置其他开口，疏散门不应正对梯段。

[《建筑防火通用规范》（GB 55037—2022）7.1.11]

室外疏散楼梯设置应避免火焰从门内窜出而将楼梯烧坏或烟气直接作用于疏散楼梯，影响人员疏散。如图 4-13 所示，变电站室外楼梯与建筑外墙上的其他相邻开口最近边缘之间的水平距离小于 2.0m，不满足要求。

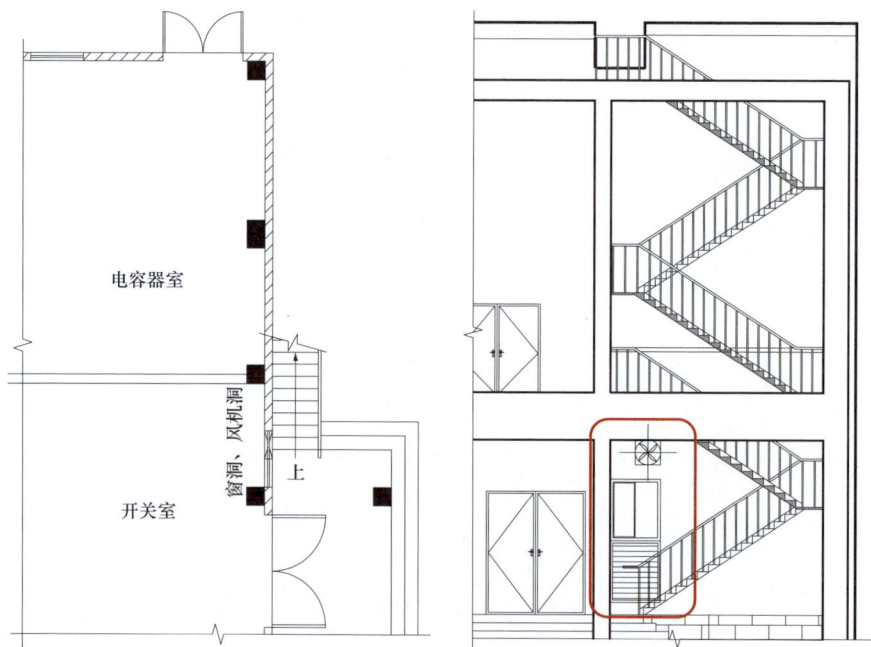

图 4-13 楼梯间开洞不满足要求的立剖面图

4.3.3 消防救援口

消防救援口是为了满足消防救援人员进入建筑实施救援的外窗或开口，消防救援口可以利用符合要求的外窗或门。《建筑防火通用规范》（GB 55037—2022）2.2.3 明确了消防救援口的布置和构造要求：

（1）沿外墙的每个防火分区在对应消防救援操作面范围内设置的消防救援口不应少于 2 个，一般不大于 20m。

（2）无外窗的建筑应每层设置消防救援口，有外窗的建筑应自第三层起每层设置消防救援口。这是因为一、二层到地面的路径较短，且如果一、二层设置了符合消防救援窗要求的外窗，那么逃生和救援完全可以利用已有的外窗和外门，而不需要再冗余配置消防救援口。

需要特别指出的是，"无外窗的建筑"是指建筑外墙上未设置外窗或外窗开口大小不符合消防救援窗要求，包括部分楼层无外窗或全部楼层无外窗的建筑；"有外窗的建筑"是指建筑各层均设置外窗，且第一层和第二层的外窗开口大小符合消防救援要求的建筑。

（3）消防救援口应易于从室内和室外打开或破拆，采用玻璃窗时，应选用安全玻璃，严禁在消防救援口加设防盗栏杆。

（4）供消防救援人员进入的窗口，其净高度和净宽度均不应小于 1.0m，当利用门时，净宽度不应小于 0.8m。

（5）消防救援口应设置可在室内和室外识别的永久性明显标志。

4.4 建筑防爆泄压

4.4.1 泄压设施概述

泄压设施的主要目的是减轻主变压器、可燃气体等爆炸可能造成的建筑物主体结构的破坏、建筑设施和财产的损失及建筑碎片对人的伤害。通过设置轻质、薄弱、易破碎的墙或屋顶等作为在爆炸时释放爆炸能量、降低爆炸作用压力的泄压面积，削弱爆炸冲击波对建筑主体结构的破坏作用，以保护建筑主体承重结构免遭爆炸冲击波的破坏。因此，有爆炸危险的厂房或厂房内有爆炸危险的部位应设置泄压设施。

4.4.2 泄压设施计算

主变压器室的泄压面积宜按式（4-1）计算，但当主变压器室的长径比大

于 3 时，宜将建筑划分为长径比不大于 3 的多个计算段，各计算段中的公共截面不得作为泄压面积，则

$$A = 10CV^{\frac{2}{3}} \qquad (4-1)$$

式中　A——泄压面积（m^2）；

　　　　C——泄压比，$C \geqslant 0.043$；

　　　　V——厂房的容积（m^3）。

注：泄压比引自国家电网有限公司基建部 2024 年 1 月发布的《新型电力系统下变电站通用设计变电站通用设计技术导则》（基建技术〔2023〕71 号）中的相关要求，设计时可参照执行。

4.4.3　泄压设施构造

（1）泄压设施宜采用轻质屋面板、轻质墙体和易于泄压的门、窗等，应采用安全玻璃等在爆炸时不产生尖锐碎片的材料。墙体在泄压后宜设置牵引装置，防止碎片四溅，具体如图 4-14 所示。

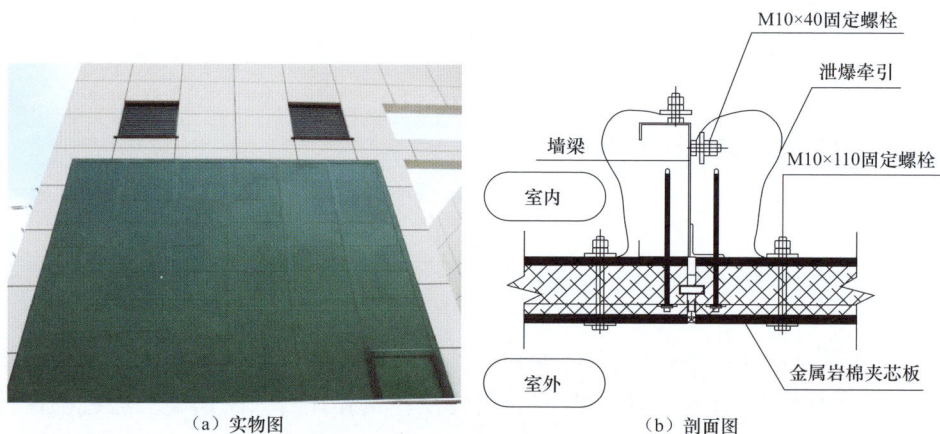

（a）实物图　　　　　　　　（b）剖面图

图 4-14　金属岩棉板泄压墙

[《建筑设计防火规范》（GB 50016—2014）3.6.3]

（2）泄压设施的设置应避开人员密集场所和主要交通道路，并宜靠近有爆炸危险的部位。由于发生爆炸后，用于泄压的门窗、轻质墙体、轻质屋盖将被摧毁，高压气流夹杂大量的爆炸物碎片从泄压面喷出，对消防救援人员、车辆和设备均具有一定破坏性，因此，全户内变电站工程泄压墙一般朝向同台变压

器的散热器，而非朝向消防环形道路布置。

[《建筑设计防火规范》（GB 50016—2014）3.6.3]

（3）作为泄压设施的轻质屋面板和墙体的质量不宜大于 60kg/m²。

[《建筑设计防火规范》（GB 50016—2014）3.6.3]

（4）如采用屋顶泄压，则屋顶上的泄压设施应采取防冰雪积聚措施。

[《建筑设计防火规范》（GB 50016—2014）3.6.3]

4.4.4 防爆措施概述

防爆措施是指在爆炸发生前所采取的防止爆炸条件形成的措施。变电站采取的防爆措施主要集中于主变压器室和蓄电池室。

对于主变压器室、油浸电容器室等，因为室内一般设有低压侧电缆沟，且部分电缆沟与其他房间或电缆夹层相连，因此，电缆沟需设有防火延燃的措施，且盖板应封堵。即便如此，设计时应避免带油设备的电缆沟穿越非电气功能的辅助房间。

[《电力设备典型消防规程》（DL 5027—2015）10.5.3]

目前，主变压器室电缆沟一般设计成密封性较好的卡扣式盖板或顶部全密封的电缆隧道，以达到防止主变压器油品进入电缆沟的目的，卡扣式盖板如图 4-15 所示。

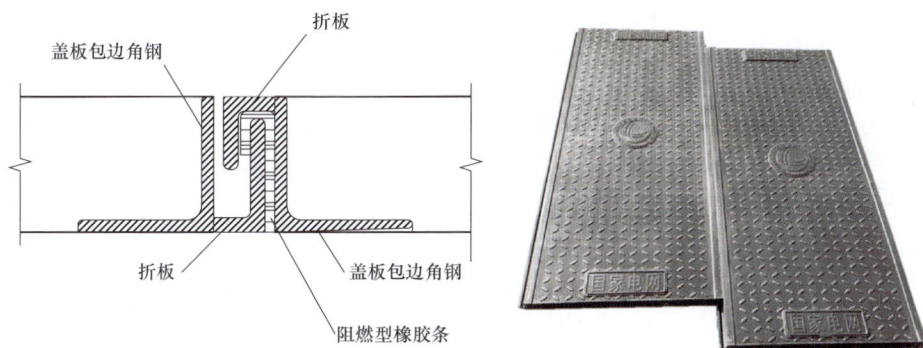

图 4-15 卡扣式盖板

对于蓄电池室，采取的防爆措施主要是设备泄漏氢气的监测和排放，相关内容详见本书第 5 章。

4.5 建筑防火构造

4.5.1 防火分隔的构造

1. 防火墙的构造

对于防火墙的构造性能，《建筑防火通用规范》（GB 55037—2022）6.1.2 规定"防火墙任一侧的建筑结构或构件以及物体受火作用发生破坏或倒塌并作用到防火墙时，防火墙应仍能阻止火灾蔓延至防火墙的另一侧。"因此，防火墙一般为自承重墙体，符合要求的承重墙也可以用作防火墙，但需要与周围结构可靠连接。不推荐非承重的预制板材作为防火墙。

防火墙的构造要求及技术性能如下：

（1）防火墙应直接设置在建筑的基础或框架、梁等承重结构上，框架、梁等承重结构的耐火极限不应低于防火墙的耐火极限。防火墙应从楼地面基层隔断至梁、楼板或屋面板的底面基层。当高层厂房屋顶承重结构和屋面板的耐火极限低于 1.0h，其他建筑屋顶承重结构和屋面板的耐火极限低于 0.5h 时，防火墙应高出屋面 0.5m 以上。

［《建筑设计防火规范》（GB 50016—2014）6.1.1］

对于钢结构变电站，尤其需要注意与防火墙相连框架梁、柱，也需要喷涂防火涂料或外包防火板，以达到防火墙耐火时间的要求。

（2）建筑外墙为难燃性或可燃性墙体时，防火墙应凸出墙的外表面 0.4m 以上，且防火墙两侧的外墙均应为宽度不小于 2.0m 的不燃性墙体，其耐火极限不应低于外墙的耐火极限。建筑外墙为不燃性墙体时，防火墙可不凸出墙的外表面，紧靠防火墙两侧的门、窗、洞口之间最近边缘的水平距离不应小于 2.0m；采取设置乙级防火窗等防止火灾水平蔓延的措施时，该距离不限。此为防止火势经建筑外墙越过防火墙进行蔓延的基本要求。

［《建筑设计防火规范》（GB 50016—2014）6.1.3］

如图 4-16 所示，对于主变压器室、油浸电抗器室和贴邻的其他房间之间的分隔均为防火墙，但两侧不满 2.0m 之间布置有不具备防火性能的普通窗，如果不满足要求，可考虑调整两侧门窗间距或修改为防火门、防火窗、防火百叶等。

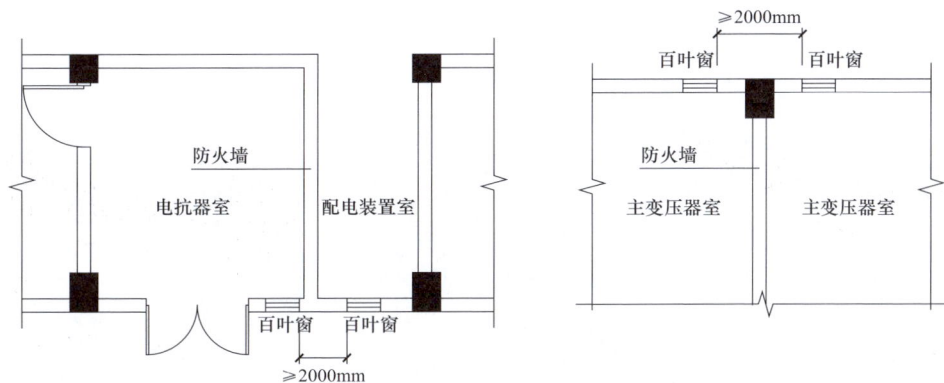

图 4-16　防火墙两侧洞口距离要求

（3）建筑内的防火墙不宜设置在转角处，确需设置时，内转角两侧墙上的门、窗、洞口之间最近边缘的水平距离不应小于 4.0m；采取设置乙级防火窗等防止火灾水平蔓延的措施时，该距离不限。

[《建筑设计防火规范》（GB 50016—2014）6.1.4]

（4）防火墙上不应开设门、窗、洞口，确需开设时，应设置不可开启或火灾时能自动关闭的甲级防火门、窗。可燃气体和甲、乙、丙类液体的管道严禁穿过防火墙。

[《建筑设计防火规范》（GB 50016—2014）6.1.5]

（5）当工艺需要油浸变压器等电气设备有电气套管穿越防火墙时，防火墙上的电缆孔洞应采用耐火极限为 3.0h 的电缆防火封堵材料或防火封堵组件进行封堵。

[《火力发电厂与变电站设计防火标准》（GB 50229—2019）11.2.1]

2. 防火隔墙的构造

防火隔墙应从楼地面基层隔断至梁、楼板或屋面板的底面基层，防火隔墙上的门、窗等开口应采取防止火灾蔓延至防火隔墙另一侧的措施。此条与防火墙的规定类似，主要是为了控制火灾和烟气在房间之间蔓延。

[《建筑防火通用规范》（GB 55037—2022）6.2.1]

对于钢结构变电站，需要注意的是，防火隔墙顶部如果采用开口型压型钢板作为楼屋面板，则屋面和梁交界位置会出现波纹状孔洞，无法做到房间之间完全隔绝，需要做好防火封堵的措施。推荐采用闭口型压型钢板、钢筋桁架楼承板，板面与梁之间空隙小，贴合度高，可不必做其他防火封堵的措施，如图 4-17 所示。

(a) 开口型压型钢板　　　　　(b) 闭口型压型钢板　　　　　(c) 钢筋桁架楼承板

图 4-17　钢结构变电站开口型、闭口型压型钢板和钢筋桁架楼承板

3. 两种墙的构造区别

两种墙体在构造上的异同如表 4-7 所示。

表 4-7　　　　　　　　　防火墙与防火隔墙的异同点

墙体类别	相同点	不同点
防火墙	（1）都需要从楼地面基层隔断至梁、楼板或屋面板的底面基层。 （2）墙体上的开口、穿越管线处、墙体与周围连接处都需要采取门、窗等开口防止火灾蔓延的措施	（1）原则上不允许直接设置在耐火楼板上，需设置在建筑的基础或框架、梁等承重结构上。 （2）需采用自承重墙或承重墙
防火隔墙		（1）可以直接设置在耐火楼板上。 （2）可以采用装配式墙体

4.5.2　防火门窗的构造

变电站内防火门均为常闭式防火门，常闭式防火门应在其明显位置设置"保持防火门关闭"等提示性标志。防火门应能在其内、外两侧手动开启。关于防火门的开启方向，《火力发电厂与变电站设计防火标准》（GB 50229—2019）11.2.4 规定应向疏散方向开启。防火门设置在变形缝附近时，应设置在楼层较多的一侧；防火门开启时，应保证门扇不跨越变形缝。设置在楼梯间、防烟前室、疏散走道上的防火门，开启时不得影响安全疏散的有效宽度。防火门关闭后应具有防烟功能。其他技术性能应符合《防火门》（GB 12955—2008）的相关规定。

[《建筑设计防火规范》（GB 50016—2014）6.5.1]

对于钢结构变电站而言，防火门框需固定在装配式墙板龙骨处，而墙板龙骨厚度一般仅为 2~3mm，防火能力薄弱。因此，可在门窗框龙骨处进行 C20混凝土填充，其余空隙用石膏板防火墙体填充，形成一个完整的防火体，如图4-18 所示。

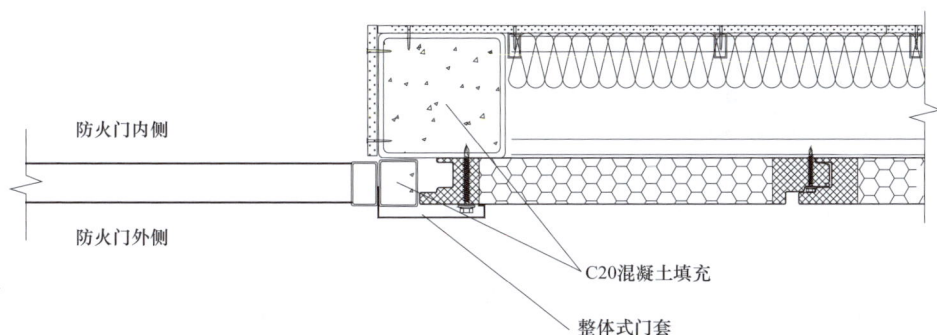

图 4-18 钢结构防火门做法详图

防火窗的设置形式有固定式和活动式两种：①固定式防火窗，即无可开启窗扇的防火窗；②活动式防火窗，有可开启窗扇，且装配有窗扇启闭控制装置的防火窗。活动式防火窗中有控制活动窗扇开启、关闭的装置，该装置具有手动控制启窗扇功能，且至少具有易熔合金件或玻璃球等热敏感元件自动控制关闭窗扇的功能。其他技术性能应符合《防火窗》（GB 16809—2008）的相关规定。

4.5.3 建筑立面防火措施

建筑外立面防火是防止建筑火灾竖向蔓延的重点。针对建筑立面采取的防火措施，主要有如下要求：

（1）建筑外墙上、下层开口之间应设置高度不小于 1.2m 的实体墙或挑出宽度不小于 1.0m、长度不小于开口宽度的防火挑檐 [《建筑设计防火规范》（GB 50016—2014）6.2.5]，实体分隔结构的性能不应低于该建筑外墙的耐火性能要求 [《建筑防火通用规范》（GB 55037—2022）6.2.3]，实体墙和防火挑檐主要是防止火灾通过外墙上的开口上下蔓延。如图 4-19 所示。

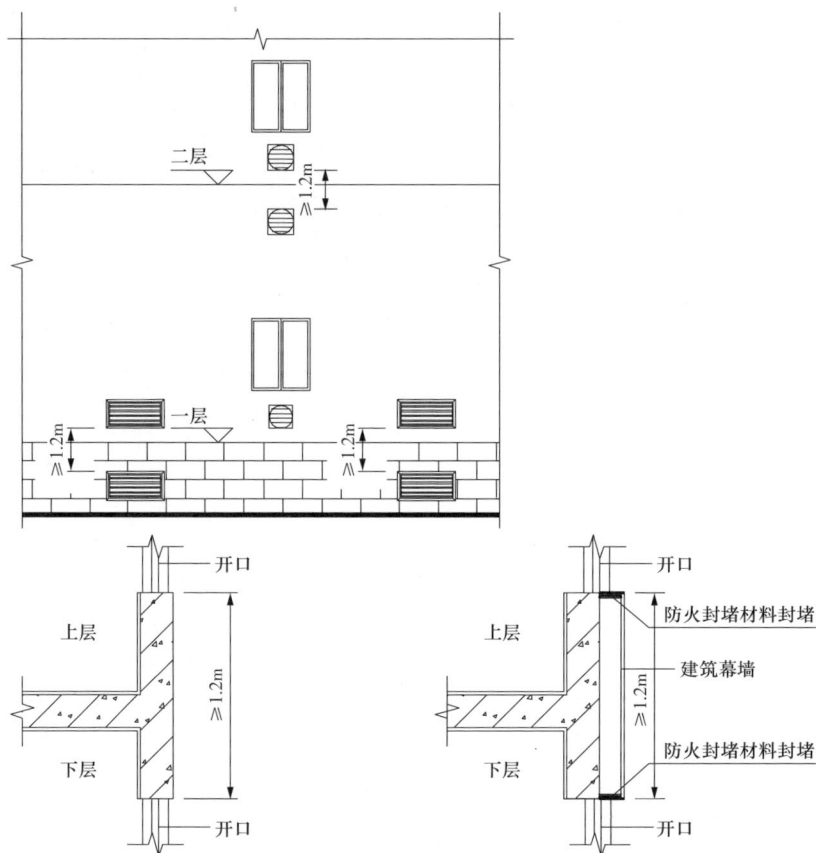

图 4-19　上下层开口间实体墙平剖面示意图

（2）建筑幕墙应在每层楼板外沿处采取防止火灾通过幕墙空腔等构造竖向蔓延的措施。具有空腔结构的建筑外幕墙会导致外幕墙上下贯通，在火灾时不仅热烟和火焰局限在空腔内，而且易产生烟囱效应，甚至外幕墙自身燃烧并熔融滴落，使火势蔓延迅速扩大，扑救难度大。幕墙的防火分隔和封堵措施应根据不同幕墙构造和材料确定，可以按照《建筑防火封堵应用技术标准》（GB/T 51410—2020）的要求采取相应的防火封堵构造措施。

[《建筑设计防火规范》（GB 50016—2014）6.2.6]

如图 4-20 所示，某变电站外墙局部采用玻璃幕墙方案，幕墙与楼板之间存在约 100mm 间隙，需要在楼板位置采取封堵措施。

图 4-20　幕墙空腔未封堵措施

4.5.4　管道井防火措施

根据电缆敷设通道，变电站中通常需要设置不同的竖井。这些竖井不仅破坏了建筑中竖向防火分区的完整性，而且会加快火灾和烟气的蔓延速度，从而引发和加剧火灾的危险性，因此应重视竖井的防火。对管道井采取的防火措施，主要要求如下：

（1）电气竖井、管道井、排烟或通风道等竖井应分别独立设置，井壁的耐火极限均不应低于 1.0h。

[《建筑设计防火规范》（ GB 50016—2014 ） 6.2.9]

（2）除通风管道井、送风管道井、排烟管道井、必须通风的燃气管道竖井及其他有特殊要求的竖井可不在层间的楼板处分隔外，其他竖井应在每层楼板处采取防火分隔措施，且防火分隔组件的耐火性能不应低于楼板的耐火性能。

[《建筑设计防火规范》（ GB 50016—2014 ） 6.2.9]

变电站中电缆井较多，有一次、二次、通信、暖通等多专业的竖井，这些竖井也是烟火竖向蔓延的通道，且本身可能存在一定的火灾危险性，建造时要将不同类别的竖井独立设置，且竖井的井壁应具备一定的耐火极限。

为有效阻止火势在竖井内的蔓延，防止产生烟囱效应从而加剧火势并导致火势快速蔓延至多个楼层，除不允许在层间隔断的竖井外，需在竖井的每层楼板处用相当于楼板耐火极限的不燃材料和防火封堵组件等分隔和封堵。防火封堵组件应能与相应构件或结构协同工作，具有与封堵部位构件或结构相当的耐受火焰、高温烟气和其他热作用的性能。如图 4-21 所示，变电站竖井选用镀锌钢板或槽盒为材质，且跨越楼层处未采取封堵措施，不满足要求。

图 4-21　变电站竖井选用镀锌钢板或槽盒

4.5.5　建筑缝隙防火措施

建筑缝隙，既包括伸缩缝、沉降缝等建筑变形缝，也包括管道穿越防火隔墙、楼板及防火墙后留下的孔隙。在建筑使用过程中，建筑缝隙两侧的建筑可能发生位移，以至于使跨越建筑缝隙的水平防火分区或楼层之间的防火分区完整性受到破坏。如建筑缝隙处无可靠的防火隔断措施，则会埋下火灾的隐患。

对建筑缝隙采取的防火措施，主要要求如下：

（1）变形缝构造基层应采用不燃性材料。

（2）处于防火分区内或在防火分区界限处的建筑缝隙，应采用不燃性材料严密封隔，耐火极限应达到相应楼板或防火墙的要求。

（3）避免在变形缝内布置易燃、可燃的液体和气体管线，或敷设电气线路。

（4）电线、电缆管道不宜穿过建筑内的变形缝；当必须穿过时，应在穿过处加设不燃材料制作的保护套管或采取其他预防线路（管道）变形，并应采用防火封堵材料封堵穿越缝隙。

（5）防烟、排烟、采暖、通风和空气调节系统中的管道及建筑内的其他管道，在穿越防火隔墙、楼板及防火墙处的孔隙应采用防火封堵材料封堵。

（6）建筑中受高温或火焰作用易变形的管道，在其贯穿楼板部位和穿越耐火极限不低于 2.0h 的墙体两侧宜采取阻火措施。管道穿越防火隔墙或楼板时，应采用不燃性材料格周围的缝隙填塞密实。

[《建筑设计防火规范》（GB 50016—2014）6.3.4、6.3.5]

屋面、地面、墙体变形缝构造详图如图 4-22 所示。

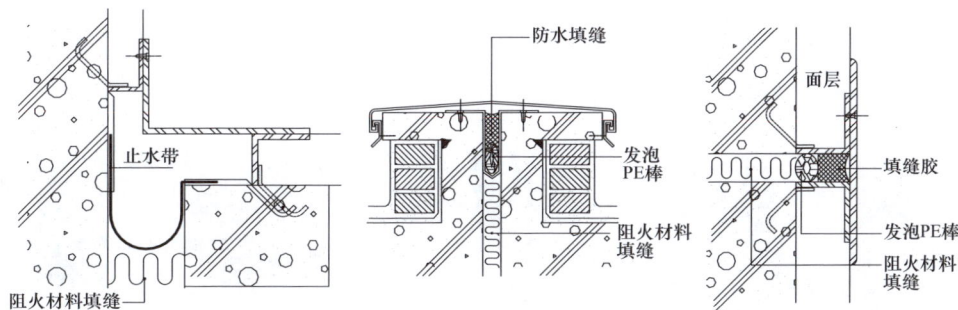

图 4-22　屋面、地面、墙体变形缝构造详图

4.5.6　电缆封堵防火措施

除了上文提及的穿越防火薄弱部位需要采取封堵外，电缆封堵尚应符合以下规定：

（1）长度超过 100m 的电缆沟或电缆隧道，应采取防止电缆火灾蔓延的阻燃或分隔措施，并应根据变电站的规模及重要性采取下列一种或数种措施：

1）采用耐火极限不低于 2.0h 的防火墙或隔板，并用电缆防火封堵材料封堵电缆通过的孔洞。

2）电缆局部涂防火涂料或局部采用防火带、防火槽盒。

[《火力发电厂与变电站设计防火标准》（GB 50229—2019）11.4.1]

（2）电缆从室外进入室内的入口处、电缆竖井的出入口处、建（构）筑物中电缆引至电气柜、盘或控制屏、台的开孔部位，电缆贯穿隔墙、楼板的空洞应采用电缆防火封堵材料进行封堵，其防火封堵组件的耐火极限不应低于被贯穿物的耐火极限，且不低于 1.0h。

[《火力发电厂与变电站设计防火标准》（GB 50229—2019）11.4.2]

（3）在电缆竖井中，宜每间隔不大于 7m 采用耐火极限不低于 3.0h 的不燃烧体或防火封堵材料封堵。

[《火力发电厂与变电站设计防火标准》（GB 50229—2019）11.4.3]

（4）防火墙上的电缆孔洞应采用电缆防火封堵材料或防火封堵组件进行封堵，并应采取防止火焰延燃的措施，其防火封堵组件的耐火极限应为 3.0h。

[《火力发电厂与变电站设计防火标准》（GB 50229—2019）11.4.4]

具体做法及工艺如图 4-23 所示。

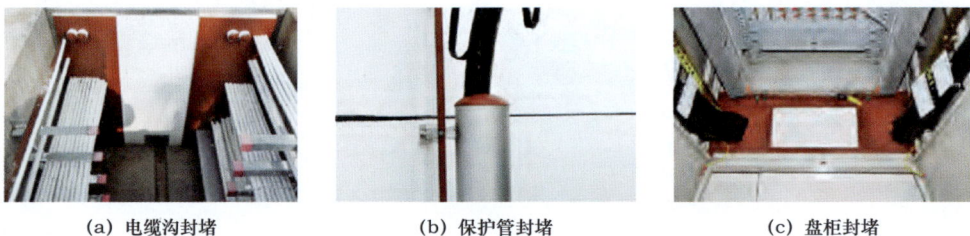

（a）电缆沟封堵　　　　　　（b）保护管封堵　　　　　　（c）盘柜封堵

图 4-23　防火封堵做法示意图

4.6　装修和保温防火措施

装修和保温防火设计主要包括变电站外墙保温、屋面保温和建筑内装修的防火措施。

4.6.1　建筑外墙保温

外墙内保温即保温材料设置在建筑外墙的室内侧，如果采用可燃、难燃保温材料，遇热或燃烧分解产生的烟气和毒性较大，对人员安全带来较大威胁。

对于外墙内保温，主要要求如下：

（1）对于人员密集场所，用火、燃油、燃气等具有火灾危险性的场所以及各类建筑内的疏散楼梯间等场所或部位，应采用燃烧性能为 A 级的保温材料。

（2）对于其他场所，应采用低烟、低毒且燃烧性能不低于 B1 级的保温材料。

（3）保温系统应采用不燃材料做防护层。采用燃烧性能为 B1 级的保温材料时，防护层的厚度不应小于 10mm。

[《建筑设计防火规范》（GB 50016—2014）6.7.2]

外墙内保温防护层示意如图 4-24 所示。

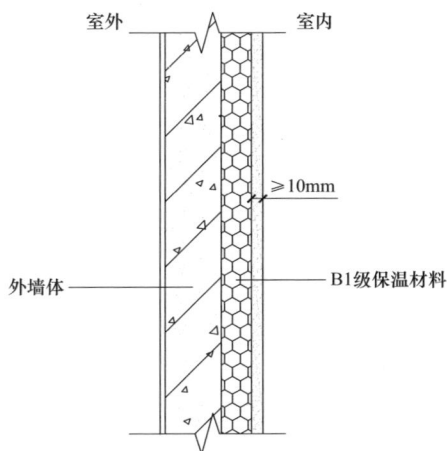

图 4-24　外墙内保温防护层示意图

外墙外保温即保温材料设置在建筑外墙的室外侧，采用难燃和可燃保温材料的建筑外墙和屋面外保温系统被引燃后会导致火势沿建筑立面或屋面蔓延，特别是具有空腔结构的保温系统。当前，我国已有不少建筑外保温火灾造成了严重后果，且此类火灾呈多发态势。对于有空腔的外墙外保温，主要有如下要求：

（1）建筑高度不大于 24m 时，保温材料或制品的燃烧性能不应低于 B1 级。

（2）外墙外保温系统与基层墙体、装饰层之间的空腔，应在每层楼板处采取防火分隔与封堵措施。根据保温材料防火级别的不同，封堵做法也不同，B1、B2 级保温材料的封堵要严于 A 级保温材料的封堵，如图 4-25 所示。

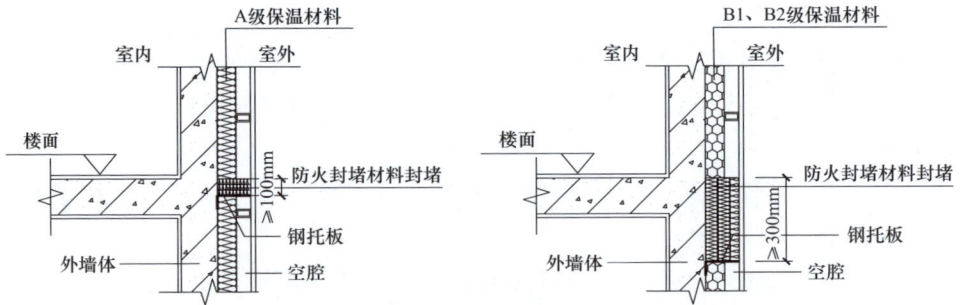

图 4-25 外墙外保温空腔防护封堵示意图

（3）当采用 B1 级燃烧性能的保温材料或制品时，应采取防止火灾通过保温系统在建筑的立面或屋面蔓延的措施或构造。

（4）当采用 B1 级燃烧性能的保温材料或制品时，应在保温系统中每层设置水平防火隔离带。防火隔离带应采用燃烧性能为 A 级的材料，防火隔离带的高度不应小于 300mm。

（5）建筑的外墙外保温系统应采用不燃材料在其表面设置防护层，防护层应将保温材料完全包覆。当采用 B1 级保温材料时，防护层厚度首层不应小于 15mm，其他层不应小于 5mm，如图 4-26 所示。

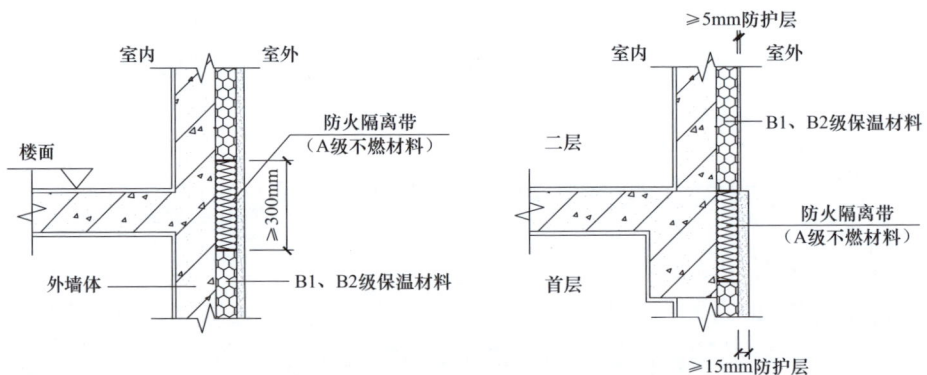

图 4-26 外墙外保温保护层、隔离带示意图

[《建筑设计防火规范》（ GB 50016—2014 ）6.7.6~6.7.9]

4.6.2 建筑屋面保温

为防止火灾通过屋面蔓延或在屋面与建筑外立面间相互蔓延，需要格外注意建筑屋面保温材料的燃烧性能及其防火构造。屋面保温的相关要求如下：

（1）建筑的屋面外保温系统，当屋面板的耐火极限不低于 1.0h 时，保温材料的燃烧性能不应低于 B2 级；当屋面板的耐火极限低于 1.0h 时，不应低于 B1 级。采用 B1、B2 级保温材料的外保温系统应采用不燃材料作防护层，防护层的厚度不应小于 10mm。

（2）当建筑的屋面和外墙外保温系统均采用 B1、B2 级保温材料时，屋面与外墙之间应采用宽度不小于 500mm 的不燃材料设置防火隔离带进行分隔，如图 4-27 所示。

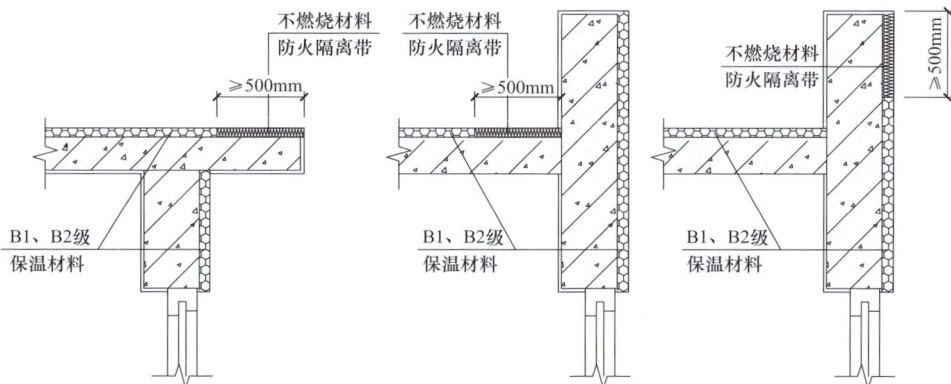

图 4-27　屋面保温保护层、隔离带示意图

［《建筑设计防火规范》（GB 50016—2014）6.7.10］

4.6.3　建筑内装饰防火

随着生活水平的提高，室内装修发展很快，各类装修材料层出不穷。根据中国消防协会编写的《火灾案例分析》，许多火灾的起因是装修材料的燃烧。应正确处理变电站装修效果和使用安全的矛盾，积极选用不燃材料和难燃材料，确保变电站消防安全。

装修材料按其使用部位和功能，可划分为顶棚装修材料、墙面装修材料、地面装修材料、隔断装修材料、固定家具、装饰织物、其他装修装饰材料七类。对于变电站，装修主要为顶棚、墙面和地面三部分，其余部分一般不涉及。因此重点对室内顶棚、墙面和地面进行考察。建筑内装饰的相关要求如下：

（1）建筑内部装修不应擅自减少、改动、拆除、遮挡消防设施、疏散指示标志、安全出口、疏散出口、疏散走道和防火分区、防烟分区等。

［《建筑内部装修设计防火规范》（GB 50222—2017）4.0.1］

（2）建筑内部消火栓箱门不应被装饰物遮掩，消火栓箱门四周的装修材料颜色应与消火栓箱门的颜色有明显区别或在消火栓箱门表面设置发光标志。

[《建筑内部装修设计防火规范》（GB 50222—2017）4.0.2]

（3）建筑内部变形缝（包括沉降缝、伸缩缝、抗震缝等）两侧基层的表面装修应采用不低于 B1 级的装修材料。

[《建筑内部装修设计防火规范》（GB 50222—2017）4.0.7]

（4）无窗房间内部装修材料的燃烧性能等级除 A 级外，应在规定的基础上提高一级。

[《建筑内部装修设计防火规范》（GB 50222—2017）4.0.8]

（5）疏散走道和安全出口的顶棚、墙面不应采用影响人员安全疏散的镜面反光材料。

[《建筑内部装修设计防火规范》（GB 50222—2017）4.0.3]

针对变电站内各部位的燃烧性能分级，相关要求如表 4-8 所示。需要注意：①油浸变压器室、油浸电抗器室火灾危险性虽然为丙类，但设备含油量大，可按照"火灾荷载较高的丙类厂房"进行燃烧性能等级分类；②变电站内消防电源来自站用变压器，而站用变压器的重要电源为主变压器。含站用变压器的配电室和油浸变压器室的正常运转对消防设施的启动至关重要，因此所有装修材料都按照 A 级处理；而不含站用变压器的配电室，如 GIS 室及室外平台等，是否失电与消防设施关联不大，因此按照其原本的火灾危险性定义装修燃烧性能等级。

表 4-8　变电站内部各部位装修材料的燃烧性能等级要求

序号	变电站房间名称	装修材料燃烧性能等级			相关依据
		顶棚	墙面	地面	
1	控制室	A	A	B1	《火力发电厂与变电站设计防火标准》（GB 50229—2019）11.2.3
2	不含站用变压器，且单台设备油量 60kg 及以下的配电装置室	B1	B2	B2	《建筑内部装修设计防火规范》（GB 50222—2017）6.0.1
3	含站用变压器，或单台设备油量 60kg 及以上的配电装置室	A	A	A	《建筑内部装修设计防火规范》（GB 50222—2017）4.0.9、《火力发电厂与变电站设计防火标准》（GB 50229—2019）11.1.1

续表

序号	变电站房间名称	装修材料燃烧性能等级			相关依据
		顶棚	墙面	地面	
4	油浸变压器室	A	A	A	《建筑内部装修设计防火规范》（GB 50222—2017）4.0.9、《火力发电厂与变电站设计防火标准》（GB 50229—2019）11.1.1
5	油浸电抗器室	A	A	B1	《建筑内部装修设计防火规范》（GB 50222—2017）6.0.1、《火力发电厂与变电站设计防火标准》（GB 50229—2019）11.1.1
6	干式电抗器室	B1	B2	B2	《建筑内部装修设计防火规范》（GB 50222—2017）6.0.1、《火力发电厂与变电站设计防火标准》（GB 50229—2019）11.1.1
7	柴油发电机室	A	A	B1	《建筑内部装修设计防火规范》（GB 50222—2017）6.0.1、《火力发电厂与变电站设计防火标准》（GB 50229—2019）11.1.1
8	消防水泵房、雨淋阀室、固定灭火系统设备间	A	A	A	《建筑防火通用规范》（GB 55037—2022）6.5.4
9	消防控制室	A	A	B1	《建筑防火通用规范》（GB 55037—2022）6.5.4
10	加压送风机房、排烟机房、通风和空气调节机房	A	A	A	《建筑防火通用规范》（GB 55037—2022）6.5.4
11	疏散楼梯间及其前室	A	A	A	《建筑防火通用规范》（GB 55037—2022）6.5.3

4.6.4 常用装修材料

近年来室内装修材料层出不穷，防火性能参差不齐。为规范室内装修材料和标准，根据《建筑内部装修设计防火规范》（GB 50222—2017）性能等级划分举例，同时结合《国家电网有限公司输变电工程标准工艺（2022 年版）变电工程土建分册》《工程做法》图集（23J909），将常用装修做法及成品照片示例列于表4-9，便于设计单位借鉴、采纳。另外，变电站的装修材料虽然用途广、用量大，但因材质特点、地区差异以及生产过程中工艺、原材料配比的变化，都会导致材料或制品的燃烧性能发生较大变化，这些材料的燃烧性能必须通过试验确认。

表 4-9　国家电网有限公司标准工艺中涉及的装修材料燃烧性能等级

材料类别	名称	级别	依据	成品照片示例
顶棚材料	矿棉板吊顶	安装在金属龙骨上为 A 级	《建筑内部装修设计防火规范》（GB 50222—2017）3.0.4	
	铝板吊顶	A	《建筑内部装修设计防火规范》（GB 50222—2017）条文说明 3.0.2	
	石膏板吊顶	安装在金属龙骨上为 A 级	《建筑内部装修设计防火规范》（GB 50222—2017）3.0.4	
墙面材料	抹灰墙面	A	《建筑内部装修设计防火规范》（GB 50222—2017）条文说明 3.0.2	

材料类别	名称	级别	依据	成品照片示例
墙面材料	涂饰墙面	无机涂料为 A，有机涂料为 B1	《建筑内部装修设计防火规范》（GB 50222—2017）条文说明 3.0.2	
	内墙饰面砖	A	《建筑内部装修设计防火规范》（GB 50222—2017）条文说明 3.0.2	
地面材料	自流平地面	水泥基自流平为 A，聚氨酯自流平、树脂水泥复合砂浆自流平为 B2	《建筑内部装修设计防火规范》（GB 50222—2017）条文说明 3.0.2	
	PVC 塑胶地面	B1~B2	《建筑内部装修设计防火规范》（GB 50222—2017）条文说明 3.0.2	
	砖地面	A	《建筑内部装修设计防火规范》（GB 50222—2017）条文说明 3.0.2	

续表

材料类别	名称	级别	依据	成品照片示例
地面材料	花岗岩地面	A	《建筑内部装修设计防火规范》（GB 50222—2017）条文说明 3.0.2	
	防静电活动地板	无机面层为 A，如金属、陶瓷或水泥等；有机面层为 B1 或 B2，如树脂类或中密度板	《工程做法》（23 J909）	

第**5**章

防烟排烟和暖通
空调防火

本章主要内容为变电站建筑防排烟设计和暖通空调系统防火设计要点。建筑防排烟设计部分包括防排烟系统的定义、分类及设计流程，防烟设施的设置部位、自然通风和机械加压送风防烟系统的设计要点及变电站防烟系统设计方法；排烟系统设施的设置部位、防烟分区划分、自然排烟和机械排烟系统设计要点及变电站排烟系统设计方法；变电站防排烟系统的控制要求。暖通空调系统防火设计内容包括变电站供暖、通风和空调系统的防火设计要点。

5.1 防排烟设计概述

防排烟系统是建筑物发生火灾时控制火灾烟气蔓延、保障人员安全疏散、有利于消防人员顺利扑救的消防设施。防排烟系统包括防烟系统和排烟系统。防烟系统是通过自然通风或机械加压送风方式，防止烟气侵入楼梯间、前室等疏散空间的系统；排烟系统是通过自然排烟或机械排烟的方式，将房间、走道等空间的火灾烟气排至建筑外的系统。防排烟系统工作原理如图 5-1 所示。

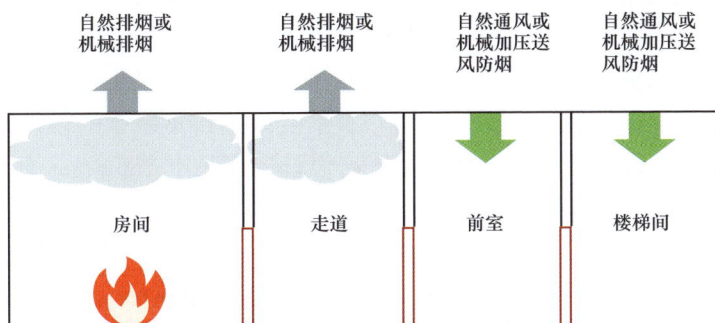

图 5-1 防排烟系统工作原理图

防烟系统分为自然通风系统和机械加压送风系统。自然通风是通过可开启外窗等自然通风设施，防止烟气在楼梯等空间积聚。机械加压送风是对楼梯间、前室及其他需要被保护的区域采用机械送风，使该区域形成正压，防止烟气侵入，系统由送风机、送风井（管）道、送风口（阀）等设施组成。

防烟系统设计首先需要确定防烟设施的设置部位，根据建筑高度、功能等因素选择防烟方式，除《消防设施通用规范》（GB 55036—2022）11.2.1 要求的应设置机械加压系统的场所外，优先选用自然通风系统。对于采用自然通风系统的场所，需确定可开启外窗或开口的面积、数量和位置；当建筑设计不能满足自然通风条件时，应设置机械加压送风系统，其设计内容主要包括送风机、送风井（管）道、送风口（阀）等设施的选型计算与布置。常规变电站以自然通风系统为主，自然通风条件见本书 5.2.2；不能满足时采用机械加压送风系统，见本书 5.2.3。防烟系统设计流程如图 5-2 所示。

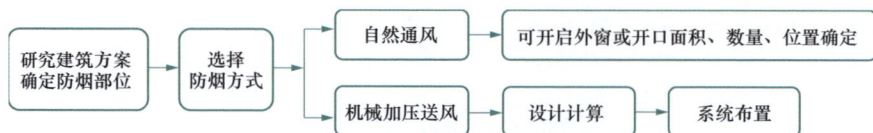

图 5-2　防烟系统设计流程图

　　排烟系统分为自然排烟和机械排烟系统。自然排烟是利用火灾热烟气流的浮力和外部风压作用，通过建筑开口将建筑房间、走道内的烟气直接排至室外的排烟方式。机械排烟采用机械通风方式将烟气排至建筑物外，系统由排烟风机、排烟防火阀、排烟管道、排烟口等组成。

　　排烟系统设计首先需要判断排烟设施的设置范围，对于需要设置排烟系统的场所进行防烟分区划分，根据建筑的使用性质、平面布局等因素选择排烟方式，优先选用自然排烟系统。对于采用自然排烟系统的场所，需复核自然排烟窗（口）面积、数量和位置；当建筑设计无法满足自然排烟要求时，应设置机械排烟系统，机械排烟系统的设计内容主要包括排烟风机、排烟管道、排烟口、排烟防火阀等设施的选型计算与布置。变电站排烟系统的设计需根据排烟区域特性开展，优先选择自然排烟方式，设计要点见本书 5.3.3；当不能满足时设置机械排烟系统，设计要点见本书 5.3.4。排烟系统设计流程如图 5-3 所示。

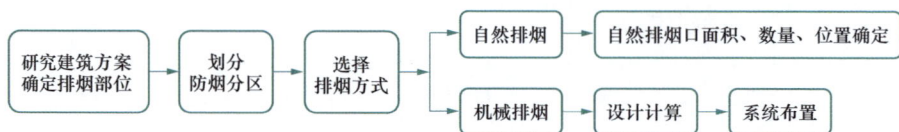

图 5-3　排烟系统设计流程图

5.2　防烟系统设计

　　防烟系统设计包括防烟设施设置部位确定、自然通风系统设计和机械加压送风系统设计。

5.2.1　防烟设施的设置部位

建筑内以下部位应采取防烟措施：

（1）封闭楼梯间；

（2）防烟楼梯间及其前室。

[《建筑防火通用规范》（GB 55037—2022）8.2.1]

建筑内这些部位采取的防烟设施类型及相应的系统设计等，应符合现行国家标准《消防设施通用规范》（GB 55036—2022）、《建筑防烟排烟系统技术标准》（GB 51251—2017）等的规定。

依据本书 4.3.2，在工程实践中，变电站内的楼梯大多采用封闭楼梯间或室外楼梯这两种形式，因此变电站防烟设施的设置部位主要是封闭楼梯间。

5.2.2　自然通风系统

封闭楼梯间优先采用自然通风系统。自然通风系统应复核可开启外窗或开口的面积、数量、位置是否满足要求，如：封闭楼梯间最高部位设置面积不小于 1.0m² 的可开启外窗或开口，建筑高度大于 10m 时应在楼梯间外墙上每 5 层内设置总面积不小于 2m² 的可开启外窗或开口，且布置间隔不大于 3 层。不能满足自然通风条件的封闭楼梯间，应设置机械加压送风系统。当地下、半地下建筑（室）的封闭楼梯间不与地上楼梯间共用且地下仅为一层时，可不设置机械加压送风系统，但首层应设置有效面积不小于 1.2m² 的可开启外窗或直通室外的疏散门。用于自然通风的可开启外窗应方便直接开启，设置在高处不便于直接开启的可开启外窗应在距地面高度 1.3~1.5m 的位置设置手动开启装置。

[《建筑防烟排烟系统技术标准》（GB 51251—2017）3.1.6、3.2.1、3.2.4]

在变电站工程设计时，通常考虑在封闭楼梯间最高部位设置面积不小于 1.0m² 的可开启外窗或常开百叶窗。建筑高度大于 10m 时，应在楼梯间的外墙上设置总面积不小于 2.0m² 的可开启外窗，且布置间隔不大于 3 层，见图 5-4。最高处为可开启外窗时，在距地面 1.3~1.5m 处设手动开启装置，手动开启装置包括就地机械装置或电控装置。百叶窗可参照国标图集《百叶窗（一）》（05J624-1）选取。

楼梯间最高部位设不小于1m²可开启外窗建筑高度大于10m，楼梯间
外墙设总面积不小于2m²的可开启外窗，且布置间隔不大于3层

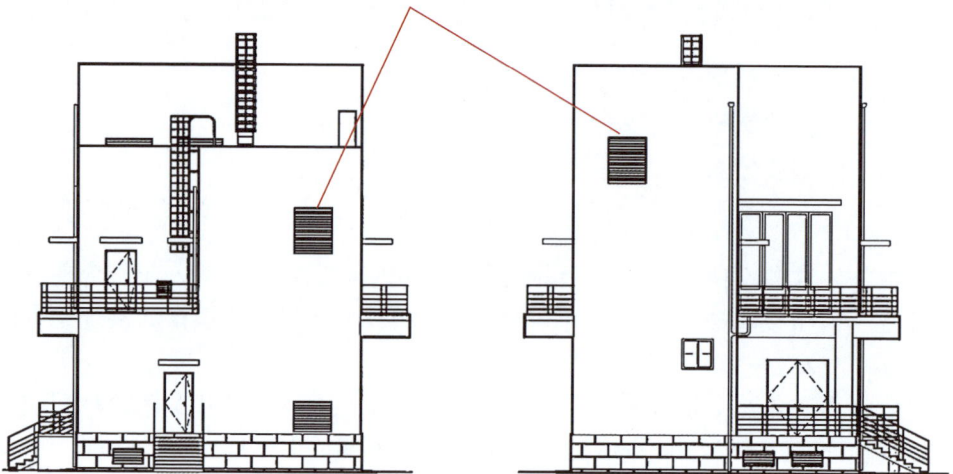

图 5-4　变电站封闭楼梯间的自然通风系统

[《建筑防烟排烟系统技术标准》（GB 51251—2017）3.2.1、3.2.4，国标
图集《防排烟及暖通防火设计审查与安装》（20K607）1.3]

对于设置半地下电缆夹层的变电站建筑，通往半地下电缆夹层的封闭楼梯
间不与地上楼梯间共用且地下仅为一层，在首层应设置有效面积不小于 1.2m²
的可开启外窗或直通室外的疏散门，如图 5-5 所示。

通向电缆夹层的封闭楼梯间不与地上楼梯间共用且地下仅为一层

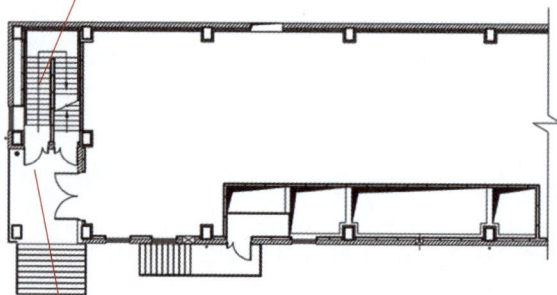

首层设直通室外的疏散门

图 5-5　通往电缆夹层封闭楼梯间的自然通风系统

[《建筑防烟排烟系统技术标准》（GB 51251—2017）3.1.6]

5.2.3　机械加压送风系统

封闭楼梯间等防烟部位的自然通风条件不满足要求时，应设置机械加压送风系统。

[《火力发电厂与变电站设计防火标准》（GB 50229—2019）8.7.2，《建筑防烟排烟系统技术标准》（GB 51251—2017）3.1.6]

机械加压送风系统的设置应满足各防烟部位余压值的要求，以便在疏散路径上形成一定的压力梯度，防止烟气侵入安全区域，并能满足疏散门开启要求。封闭楼梯间与疏散走道之间的压差应为 25~30Pa。

[《消防设施通用规范》（GB 55036—2022）11.2.5]

设置机械加压送风系统的场所，楼梯间应设置常开风口，前室应设置常闭风口；设置部位及火灾时其联动开启方式应符合《建筑防烟排烟系统技术标准》（GB 51251—2017）的规定。

[《建筑防烟排烟系统技术标准》（GB 51251—2017）3.1.7]

设置机械加压送风系统并靠外墙或可直通屋面的封闭楼梯间尚应在其顶部或最上一层外墙上设置常闭式应急排烟窗，且该应急排烟窗应具有手动和联动开启功能。

[《建筑防火通用规范》（GB 55037—2022）2.2.4]

机械加压送风系统的设计应满足《建筑防火通用规范》（GB 55037—2022）、《消防设施通用规范》（GB 55036—2022）、《建筑防烟排烟系统技术标准》（GB 51251—2017）、《火力发电厂与变电站设计防火标准》（GB 50229—2019）等规范的要求。

5.3　排烟系统设计

排烟系统设计包括排烟设施设置部位确定、防烟分区划分、自然排烟系统设计和机械排烟系统设计。

5.3.1 排烟设施的设置部位

变电站需考虑设置排烟设施的场所如表 5-1 所示。

表 5-1　　　　　变电站需考虑设置排烟设施的场所

规范	要求设置排烟的场所	对应变电站设置排烟的场所
《建筑防火通用规范》（GB 55037—2022）	建筑面积大于 300m² ，且经常有人停留或可燃物较多的地上丙类生产场所，丙类厂房内建筑面积大于 300m² ，且经常有人停留或可燃物较多的地上房间	建筑面积大于 300m² ，且经常有人停留或可燃物较多的丙类房间：（1）配电装置楼（室）（单台设备油量大于 60kg）；（2）油浸变压器室；（3）电容器室（有可燃介质）；（4）油浸电抗器室
	建筑面积大于 100m² 的地下或半地下丙类生产场所	建筑面积大于 100m² 的地下或半地下丙类生产场所
	除高温生产工艺的丁类厂房外，其他建筑面积大于 5000m² 的地上丁类生产场所	建筑面积大于 5000m² 的地上丁类生产场所
	建筑面积大于等于 1000m² 的地下或半地下丁类生产场所	建筑面积大于 1000m² 的地下或半地下丁类生产场所
	建筑中下列经常有人停留或可燃物较多且无可开启外窗的房间区域应设置排烟设施：（1）建筑面积大于 50m² 的房间。（2）房间的建筑面积不大于 50m² ，总建筑面积大于 200m² 的区域	（1）变电站建筑内长度大于 40m 的疏散走道。（2）经常有人停留或可燃物较多且无可开启外窗的建筑面积大于 50m² 的房间，建筑面积不大于 50m² 总建筑面积大于 200m² 的区域
	建筑高度大于 32m 厂房或仓库内长度大于 20m 的疏散走道，其他厂房或仓库内长度大于 40m 的疏散走道	
《火力发电厂与变电站设计防火标准》（GB 50229—2019）	火力发电厂生产建筑和辅助生产建筑内的下列场所应设排烟设施，其他场所可不设置排烟设施：（1）集中控制楼、化学试验楼、检修办公楼等建筑内各层长度大于 40m 的疏散走道。（2）建筑面积大于 50m² 且无外窗的集中控制室或单元控制室	

5.3.2 防烟分区

防烟分区是在建筑内部采用挡烟分隔设施分隔而成，能在一定时间内防止火灾烟气向同一建筑的其余部分蔓延的局部空间。

设置排烟系统的场所或部位应采用挡烟垂壁、结构梁及隔墙等划分防烟分区。

[《建筑防烟排烟系统技术标准》（GB 51251—2017）4.2.1]

防烟分区设置的目的是将烟气控制在着火区域所在的空间范围内，并限制烟气从储烟仓（储烟仓是位于建筑空间顶部，由挡烟分隔设施形成的用于蓄积火灾烟气的空间）向其他区域蔓延，提高排烟效率。

防烟分区过大时，烟气卷吸周围冷空气沉降，烟气波及面扩大，不利于烟气及时排出、安全疏散。防烟分区过小时，储烟能力减弱，烟气容易过早蔓延到相邻防烟分区。因此应合理划分防烟分区。

1. 防烟分区划分

防烟分区划分原则如下：

（1）防烟分区不应跨越防火分区。同一个防烟分区应采用同一种排烟方式。

[《建筑防烟排烟系统技术标准》（GB 51251—2017）4.1.2、4.2.1，《消防设施通用规范》（GB 55036—2022）11.3.1]

（2）防烟分区最大允许面积及其长边最大允许长度应符合表 5-2 的规定。

表 5-2　　　防烟分区的最大允许面积及其长边最大允许长度

空间净高 H（m）	最大允许面积（m²）	长边最大允许长度	
$H \leqslant 3.0$	500	24m	工业建筑采用自然排烟系统时，防烟分区长边长度应小于等于 $8H$； 工业建筑走道宽度小于等于 2.5m 时，防烟分区长边长度小于等于 60m
$3.0 < H \leqslant 6.0$	1000	36m	
$H > 6.0$	2000	60m，具有自然对流条件时，不应大于 75m	

[《建筑防烟排烟系统技术标准》（GB 51251—2017）4.2.4]

对于局部宽度大于 2.5m 的走道，其防烟分区的长边最大允许长度及最大允许面积要求，应参考当地建设及消防部门的要求。

（3）建筑内采用隔墙等形成独立的分隔空间，该空间实际上就是一个防烟分区。上、下两层之间应是两个不同的防烟分区。

[《建筑防烟排烟系统技术标准》（GB 51251—2017）条文说明 4.2.1~4.2.3]

如图 5-6 所示，以某全户内变电站走道为例，走道长度为 78m，宽度 2.5m，空间净高 5m。由表 5-1 可知，变电站疏散走道长度大于 40m 时需设置排烟设施，因此需对该段走道进行排烟设计。该宽度和净高条件下，走道防烟分区长边长度不大于 60m。因此图 5-6 所示走道需要划分为至少 2 个防烟分区，同时需校核每个防烟分区面积。

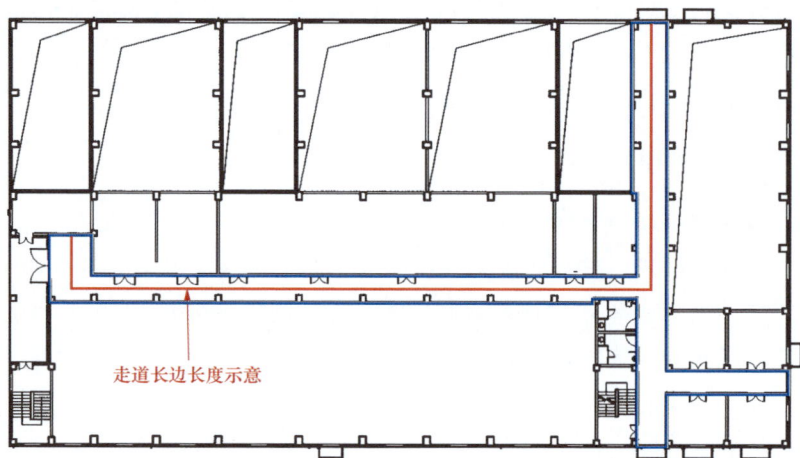

图 5-6　走道防烟分区长边长度示意

2. 挡烟垂壁

挡烟垂壁是用不燃材料制成，垂直安装在建筑顶棚、梁或吊顶下，能在火灾时形成一定蓄烟空间的挡烟分隔设施。挡烟垂壁是划分防烟分区的主要措施。挡烟垂壁分为固定式挡烟垂壁和活动式挡烟垂壁。固定式挡烟垂壁为固定安装的能满足设定挡烟高度的挡烟垂壁；活动式挡烟垂壁为可从初始位置自动运行至挡烟工作位置，并满足设定挡烟高度的挡烟垂壁。挡烟垂壁的性能应符合《挡烟垂壁》（XF 533—2012）的技术要求。设置排烟设施的建筑内，敞开楼梯穿越楼板的开口部位应设挡烟垂壁等设施。

[《建筑防烟排烟系统技术标准》（GB 51251—2017）4.2.3]

　　挡烟垂壁等挡烟分隔设施所需高度应根据建筑所需的清晰高度以及设置排烟的可开启外窗或排烟风机的量，针对区域内是否有吊顶及吊顶方式分别进行确定。挡烟垂壁高度计算见表 5-3。值得注意的是，对于有吊顶的空间，当吊顶开孔不均匀或开孔率小于等于 25% 时，吊顶内空间高度不得计入储烟仓厚度。

表 5-3　　　　　　　　　　　　　　挡烟垂壁高度计算

挡烟垂壁高度	控制值	
最小值	不小于储烟仓厚度（即设计烟层厚度）	采用自然排烟方式时，储烟仓厚度不小于空间净高的 20%。采用机械排烟方式时，储烟仓厚度不小于空间净高的 10%
	不小于 500mm	
底边距地面的高度	底部距地面高度大于最小清晰高度 H_q	
	底部距地面的高度不低于 2.1m	

　　[《建筑防烟排烟系统技术标准》（GB 51251—2017）4.2.2、4.6.2，《建筑防火通用规范》（GB 55037—2022）7.1.5]

　　自然排烟、机械排烟方式时储烟仓厚度和挡烟垂壁高度要求示意如图 5-7 和图 5-8 所示。

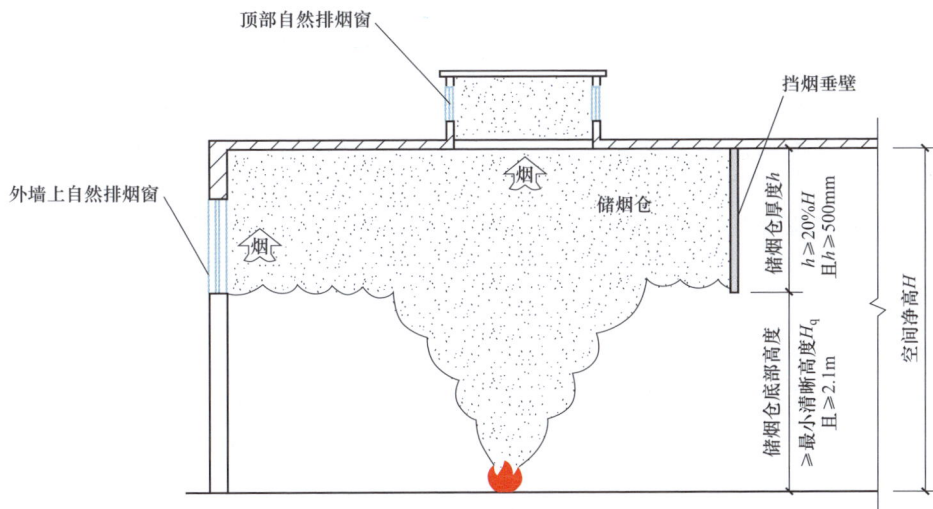

图 5-7　自然排烟方式时储烟仓厚度和挡烟垂壁高度要求示意图

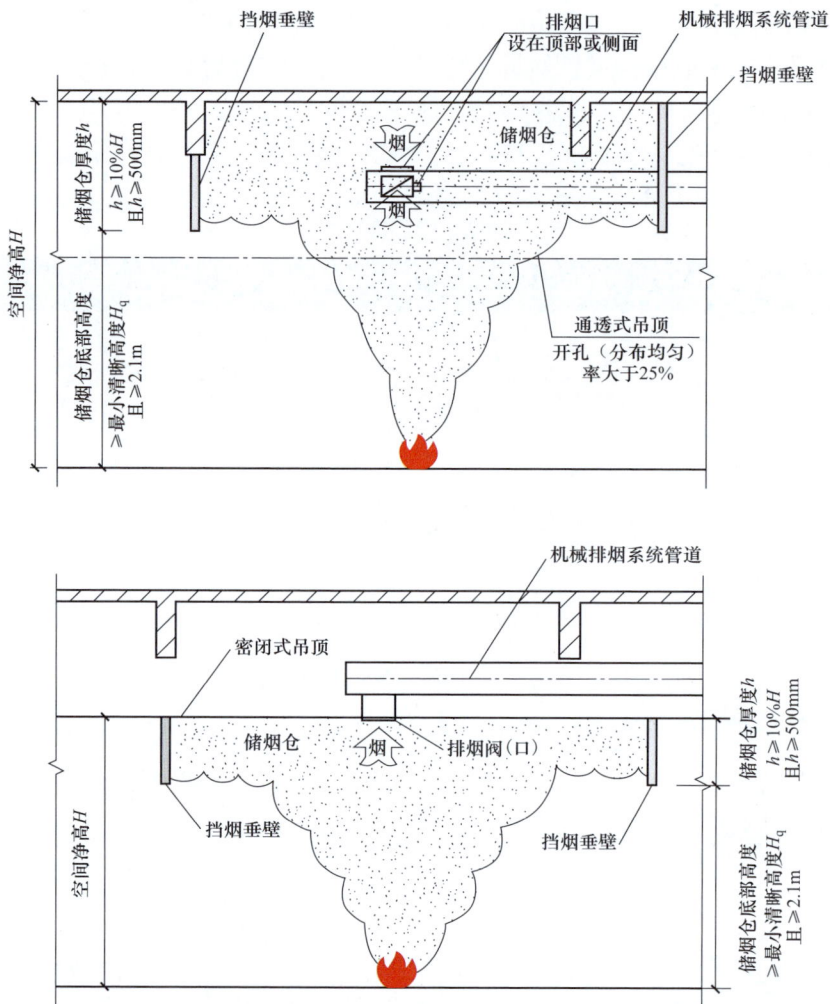

图 5-8　机械排烟方式时储烟仓厚度和挡烟垂壁高度要求示意图

最小清晰高度 H_q 计算：走道、室内空间净高不大于 3m 的区域，其最小清晰高度不宜小于其净高的 1/2，其他区域的最小清晰高度应按式（5-1）计算

$$H_q = 1.6 + 0.1H'\qquad\text{（5-1）}$$

式中　H_q——最小清晰高度（m）；

　　　H'——对于单层空间，取排烟空间的建筑净高度（m）。

[《建筑防烟排烟系统技术标准》（GB 51251—2017）4.6.9]

例如，某变电站走道空间净高 5m，最小清晰高度 H_q 计算为 2.1m。拟采用自然排烟方式时，储烟仓厚度不小于 1m，挡烟垂壁的高度不小于 1m，且底部距地面不小于 2.1m；拟采用机械排烟方式时，储烟仓厚度不小于 0.5m，挡烟垂壁高度不小于 0.5m，且底部距地面不小于 2.1m。

5.3.3　自然排烟系统

排烟系统的设计应根据建筑的使用性质、平面布局等因素，优先采用自然排烟系统。采用自然排烟系统的场所应设置自然排烟窗（口）。自然排烟窗（口）是具有排烟作用的可开启外窗或开口，可通过自动、手动、温控释放等方式开启。

[《建筑防烟排烟系统技术标准》（GB 51251—2017）4.1.1、4.3.1、2.1.5]

自然排烟设计需确定防烟分区内自然排烟窗（口）的面积、数量、位置。

1. 自然排烟窗设置基本要求

（1）设置位置。防烟分区内任一点与最近的自然排烟窗（口）之间的水平距离不应大于 30m。设置在防火墙两侧的自然排烟窗（口）之间最近边缘的水平距离不应小于 2.0m。

[《建筑防烟排烟系统技术标准》（GB 51251—2017）4.3.2、4.3.3]

自然排烟窗（口）的布置要点应符合《建筑防烟排烟系统技术标准》（GB 51251—2017）4.3 的相关规定。

（2）设置高度。自然排烟窗（口）应设置在排烟区域的顶部或外墙，当设置在外墙上时，自然排烟窗（口）应在储烟仓以内（见图 5-7）。但走道、室内空间净高不大于 3m 的区域的自然排烟窗（口）可设置在室内净高度的 1/2以上。

[《建筑防烟排烟系统技术标准》（GB 51251—2017）4.3.3]

（3）开启形式。自然排烟窗（口）应设置手动开启装置，设置在高位不便于直接开启的自然排烟窗（口），应设置距地面高度 1.3~1.5m 的手动开启装置。

[《建筑防烟排烟系统技术标准》（GB 51251—2017）4.3.6]

2. 自然排烟窗（口）面积计算

防烟分区内自然排烟窗（口）的面积应经计算确定，自然排烟窗（口）所需开启面积采用有效面积计量。

建筑空间净高小于或等于 6m 的场所，自然排烟窗（口）有效面积不小于该房间建筑面积 2%。空间净高大于 6m 时，自然排烟口所需有效面积应根据空间净高、有无喷淋、自然排烟窗（口）处风速依据《建筑防烟排烟系统技术标准》计算。

[《建筑防烟排烟系统技术标准》（GB 51251—2017）4.6.3]

对于公共建筑走道，仅需在走道设置排烟时，在走道两端均设置面积不小于 2m² 的自然排烟窗（口）且两侧自然排烟窗（口）的距离不应小于走道长度的 2/3（见图 5-9）。房间内与走道均需设置排烟时，走道设置有效面积不小于走道建筑面积 2% 的自然排烟窗（口）。

[《建筑防烟排烟系统技术标准》（GB 51251—2017）4.6.3]

在变电站设计中，走道自然排烟口要求依据项目所在地的要求执行。

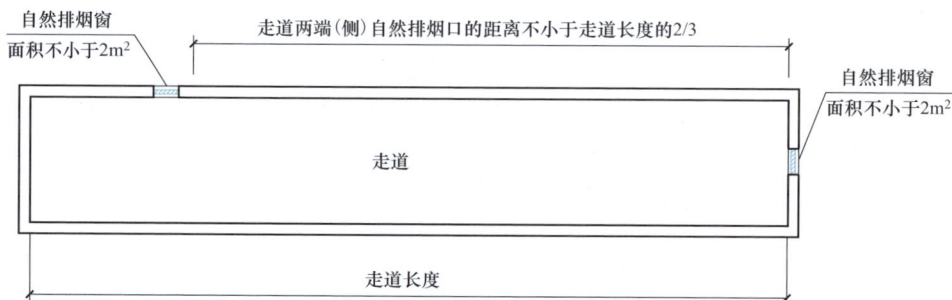

图 5-9　仅在走道设置自然排烟示意

排烟窗有效面积的确定：用于自然排烟的可开启外窗有上悬窗、中悬窗、下悬窗、平开窗、推拉窗、平推窗、百叶窗等类型，排烟窗的有效面积按表 5-4 计算。

表 5-4　　　　　　　　　　排烟窗有效面积计算

窗户类型		有效面积
悬窗	开窗角大于 70°	窗的面积
	开窗角不大于 70°	窗最大开启时的水平投影面积
平开窗	开窗角大于 70°	窗的面积
	开窗角不大于 70°	窗最大开启时的竖向投影面积
推拉窗		按开启的最大窗口面积

续表

窗户类型		有效面积
百叶窗		按窗的有效开口面积计算，即窗的净面积乘以遮挡系数。根据工程实际经验，当采用防雨百叶时系数取 0.6，当采用一般百叶时系数取 0.8
平推窗	设在顶部	窗的 1/2 周长与平推距离乘积，且不应大于窗面积
	设在外墙	窗的 1/4 周长与平推距离乘积，且不应大于窗面积

[《建筑防烟排烟系统技术标准》（GB 51251—2017）4.3.5]

5.3.4　机械排烟系统

机械排烟系统由排烟风机、排烟管道、排烟口、排烟防火阀等组成。下面针对全户内变电站的走道进行阐述，走道空间净高一般小于 6m。

1. 机械排烟量计算

建筑空间净高小于或等于 6m 的场所，一个防烟分区排烟量应按不小于 60m³/（h·m²）计算，且取值不小于 15000m³/h。当一个排烟系统担负相同净高场所多个防烟分区排烟时，其系统排烟量应按同一防火分区中任意两个相邻防烟分区的排烟量之和的最大值计算。

[《建筑防烟排烟系统技术标准》（GB 51251—2017）4.6.3、4.6.4]

2. 排烟风机设置要求

排烟风机的公称风量，在计算风压条件下不应小于计算所需风量的 1.2 倍。

[《建筑防烟排烟系统技术标准》（GB 51251—2017）4.6.1]

排烟风机宜设置在排烟系统的最高处，烟气出口宜朝上，并应高于加压送风机和补风机的进风口，两者垂直距离或水平距离应符合《建筑防烟排烟系统技术标准》（GB 51251—2017）3.3.5 的规定。

[《建筑防烟排烟系统技术标准》（GB 51251—2017）4.4.4]

排烟风机应设置在专用机房内，机房的防火分隔措施耐火极限参考本书第 4 章的相关内容，且风机两侧应有 600mm 以上的空间。

[《建筑防烟排烟系统技术标准》（GB 51251—2017）4.4.5]

排烟风机应满足 280℃时连续工作 30min 的要求，排烟风机应与风机入口处的排烟防火阀联锁，当该阀关闭时，排烟风机应能停止运转。排烟风机启动逻辑及联动控制要求见本书 5.4。

[《建筑防烟排烟系统技术标准》（GB 51251—2017）4.4.6]

3. 排烟管道

机械排烟系统应采用管道排烟，且不应采用土建风道。排烟系统中的管道、风口及阀门等应采用不燃材料制作。排烟管道内壁应光滑。排烟管道及其连接部件、排烟风机与排烟管道的连接部件应能在 280℃时连续 30min 保证其结构完整性。

[《建筑防烟排烟系统技术标准》（GB 51251—2017）4.4.7、4.4.5、4.4.8，
《火力发电厂与变电站设计防火标准》（GB 50229—2019）8.7.4]

表 5-5 给出了排烟管道的关键参数，其中设计风速和耐火极限参考《建筑防烟排烟系统技术标准》（GB 51251—2017）4.4.7、4.4.8 及《建筑设计防火规范（2018 年版）》（GB 50016—2014）6.3.5，厚度参考《通风与空调工程施工质量验收规范》（GB 50243—2016）4.2.3。

表 5-5　　　　　　　　　　　排烟管道关键参数

排烟管道关键参数	条件		要求
设计风速	管道内壁为金属时		不应大于 20m/s
	管道内壁为非金属时		不应大于 15m/s
厚度	风管直径或长边尺寸 b（mm）	$b \leqslant 450$	板材厚度 0.75mm
		$450 < b \leqslant 1000$	板材厚度 1.0mm
		$1000 < b \leqslant 1500$	板材厚度 1.2mm
耐火极限	竖向设置	应设在独立管道井内	不低于 0.5h
	水平设置	应设在吊顶内	不低于 0.5h
		直接设在室内时	不低于 1h
	设在走道部位吊顶内		不低于 1h

续表

排烟管道 关键参数	条件	要求
耐火极限	穿越防火分区的管道	不应低于 1h；同时，管道穿越防火隔墙、楼板、防火墙处，管道上排烟防火阀两侧各 2.0m 范围内的耐火极限不应低于该防火分隔体的耐火极限
	设在设备用房	不低于 0.5h

注 1. 以上排烟管道厚度适用于钢板风管和夹芯彩钢板复合材料风管的内壁金属板厚度，风管长边尺寸为变电站走道排烟风管常见尺寸，其余材料及尺寸的风管厚度参考《通风与空调工程施工质量验收规范》（GB 50243—2016），按高压系统厚度选取。

2. 当吊顶内有可燃物时，吊顶内的排烟管道应采用不燃材料进行隔热，并应与可燃物保持不小于 150mm 的距离。

　　排烟系统的管道穿过防火墙、防火隔墙、楼板、建筑变形缝处应采取防止火灾通过管道蔓延至其他防火分隔区域的设施。

[《建筑防火通用规范》（GB 55037—2022）6.3.5]

　　排烟管道在穿越以上部位的缝隙处应采用不燃材料封堵，防火封堵见本书 4.5.5；此外，还需采取在管道上设置相应性能的防火阀等防火分隔措施。

[《火力发电厂与变电站设计防火标准》（GB 50229—2019）8.7.6]

　　防火阀的性能要求和动作温度等，可参考《建筑设计防火规范》（GB 50016—2014）、《建筑通风和排烟系统用防火阀门》（GB 15930—2007）等技术标准。风管穿过防火隔墙、楼板和防火墙时，穿越处风管上的排烟防火阀两侧各 2m 范围内的风管应采用耐火风管或风管外壁应采用防火保护措施，且耐火极限不应低于该防火分隔的耐火极限。

[《建筑设计防火规范》（GB 50016—2014）6.3.5]

　　排烟管道采用抗震支吊架。

[《建筑机电工程抗震设计规范》（GB 50981—2014）5.1.4]

4. 排烟防火阀

　　排烟防火阀是安装在机械排烟系统的管道上，平时呈开启状态，火灾时当排烟管道内烟气温度达到 280℃时关闭，并在一定时间内能满足漏烟量和耐火完整性要求，起隔烟阻火作用的阀门。排烟防火阀应具有在 280℃时自行关闭和联锁关闭相应排烟风机、补风机的功能。下列部位应设置排烟防火阀：

（1）垂直主排烟管道与每层水平排烟管道连接处的水平管段上；

（2）一个排烟系统负担多个防烟分区的排烟支管上；

（3）排烟风机入口处；

（4）排烟管道穿越防火分区处。

[《消防设施通用规范》（GB 55036—2022）11.3.5]

5. 排烟口／排烟阀

（1）设置位置。防烟分区内任一点与最近的排烟口之间的水平距离不应大于 30m，排烟口宜设置在顶棚或靠近顶棚的墙面上；排烟口的设置宜使烟流方向与人员疏散方向相反，排烟口与附近安全出口相邻边缘之间的水平距离不应小于 1.5m。排烟口设在吊顶内尚应符合《建筑防烟排烟系统技术标准》（GB 51251—2017）4.4.13 的相关规定。

[《建筑防烟排烟系统技术标准》（GB 51251—2017）4.4.12]

（2）设置高度。排烟口应设在储烟仓内（见图 5-8），但走道、室内空间净高不大于 3m 的区域，其排烟口可设置在其净空高度的 1/2 以上；当设置在侧墙时，吊顶与其最近的边缘的距离不应大于 0.5m。

[《建筑防烟排烟系统技术标准》（GB 51251—2017）4.4.12]

（3）开启方式。火灾时由火灾自动报警系统联动开启排烟区域的排烟阀或排烟口，应在现场设置手动开启装置。

[《建筑防烟排烟系统技术标准》（GB 51251—2017）4.4.12]

（4）排烟量、风速。每个排烟口的排烟量不应大于最大允许排烟量，最大允许排烟量应按《建筑防烟排烟系统技术标准》（GB 51251—2017）4.6.14 的规定计算确定；排烟口的风速不宜大于 10m/s。

[《建筑防烟排烟系统技术标准》（GB 51251—2017）4.4.12]

6. 补风系统

除地上建筑的走道或建筑面积小于 500m² 的房间外，设置排烟系统的场所应能直接从室外引入空气补风，且补风量和补风口的风速应满足排烟系统有效排烟的要求。

[《消防设施通用规范》（GB 55036—2022）11.3.6]

5.4 防排烟系统控制要求

机械加压送风系统、机械排烟系统应与火灾自动报警系统联动，其联动控制应符合现行国家标准《火灾自动报警系统设计规范》（GB 50116—2014）的有关规定。消防控制设备应显示防烟系统的送风机、阀门等设施启闭状态和排烟系统的排烟风机、补风机、阀门等设施启闭状态。

[《建筑防烟排烟系统技术标准》（GB 51251—2017）5.1.1、5.1.5、5.2.1、5.2.7]

防排烟设施的启动方式及联动控制要求如表 5-6 所示。

表 5-6 防排烟系统启动方式及联动控制要求

防排烟设施	启动方式			与其他设施的联动要求 / 其他启动方式	依据
	现场手动启动	与火灾自动报警系统联动启动	消防控制室手动启动		
加压送风机	√	√	√	系统中任一常闭加压送风口开启时，相应的加压风机均应能联动启动	《消防设施通用规范》（GB 55036—2022）11.1.5
排烟风机、补风机	√	√	√	当任一排烟阀或排烟口开启时，相应的排烟风机、补风机均应能联动启动。排烟防火阀 280℃时联锁关闭相应排烟风机、补风机	《消防设施通用规范》（GB 55036—2022）11.1.5、11.3.5
常闭排烟阀或排烟口	√	√	√	其开启信号应与排烟风机联动	《建筑防烟排烟系统技术标准》（GB 51251—2017）5.2.3
活动挡烟垂壁	√	√			《建筑防烟排烟系统技术标准》（GB 51251—2017）5.2.5

续表

防排烟设施	启动方式			与其他设施的联动要求 / 其他启动方式	依据
	现场手动启动	与火灾自动报警系统联动启动	消防控制室手动启动		
自动排烟窗		√		温度释放装置联动启动,其温控释放温度应大于环境温度30℃且小于100℃	《建筑防烟排烟系统技术标准》(GB 51251—2017)5.2.6
排烟防火阀				280℃时自行关闭和联锁关闭相应排烟风机、补风机	《消防设施通用规范》(GB 55036—2022)11.3.5

当火灾确认后,担负两个及以上防烟分区的排烟系统,应仅打开着火防烟分区的排烟阀或排烟口,其他防烟分区的排烟阀或排烟口应呈关闭状态。

[《建筑防烟排烟系统技术标准》(GB 51251—2017)5.2.4]

当火灾信号确认后,火灾报警系统联动时间与对应联动内容如表5-7所示。

表5-7　火灾确认后火灾报警系统联动开启防排烟设施的时间及内容

防排烟设施	15s 内	30s 内	60s 内	依据
机械加压送风系统	联动同时开启该防火分区的全部疏散楼梯间、该防火分区所在着火层及其相邻上下各一层疏散楼梯间及其前室或合用前室的常闭加压送风口和加压送风机			《消防设施通用规范》(GB 55036—2022)11.2.6
机械排烟系统	联动开启相应防烟分区的全部排烟阀、排烟口、排烟风机和补风设施	自动关闭与排烟无关的通风、空调系统		《建筑防烟排烟系统技术标准》(GB 51251—2017)5.2.3
活动挡烟垂壁	联动相应防烟分区的全部活动挡烟垂壁		60s 以内挡烟垂壁应开启到位	《建筑防烟排烟系统技术标准》(GB 51251—2017)5.2.5

续表

防排烟设施	15s 内	30s 内	60s 内	依据
自动排烟窗			60s 内或小于烟气充满储烟仓时间内开启完毕	《建筑防烟排烟系统技术标准》(GB 51251—2017)5.2.6

5.5 暖通空调系统防火设计

暖通空调系统防火设计主要包括变电站建筑供暖、通风、空气调节系统的防火设计。

5.5.1 供暖防火设计要点

(1)所有采暖区域严禁采用明火取暖。

[《火力发电厂与变电站设计防火标准》(GB 50229—2019)8.1.2、11.6.1]

(2)蓄电池室的供暖散热器应采用耐腐蚀、承压高的散热器;管道应采用焊接,室内不应设置法兰、丝扣接头和阀门;供暖管道不宜穿过蓄电池室楼板;蓄电池室内不应敷设供暖沟道。

[《火力发电厂与变电站设计防火标准》(GB 50229—2019)8.1.3]

在产生可燃气体场所内使用的电热散热器及其连接器应具备防爆性能。

[《建筑防火通用规范》(GB 55037—2022)9.2.1]

(3)供暖管道不应穿过变压器室、配电装置室等电气设备间。这些电气设备间装有各种电气设备、仪器,仪表和高压带电的各种电缆,所以在这些房间不允许管道漏水,也不允许供暖管道加热这些设备和电缆。室内供暖系统的管道、管件及保温材料应采用不燃材料。供暖管道穿过防火墙时应预埋钢套管,管道与套管之间的空隙应用耐火材料严密封堵,并在穿墙处设固定支架。

[《火力发电厂与变电站设计防火标准》(GB 50229—2019)8.1.4~8.1.6]

5.5.2 通风和空气调节防火设计要点

（1）变压器室的通风系统应与其他通风系统分开，变压器室之间的通风系统不应合并。配电装置室通风系统宜按房间分别设置，共设一个通风系统时，应在每个房间的送风支风道上设置防火阀。

[《火力发电厂与变电站设计防火标准》（GB 50229—2019）8.3.2、8.3.3]

（2）阀控密封式蓄电池室通风空调系统设计要点。变电站蓄电池较常见的为阀控密封式蓄电池，阀控密封式蓄电池在运行中有少量氢气产生，为防止氢气积聚、扩散和爆炸危险，蓄电池室通风系统应符合下列规定：

1）室内空气不应再循环，室内应保持负压，排风管的出口应接至室外。

[《火力发电厂与变电站设计防火标准》（GB 50229—2019）8.3.4]

2）排风系统不应与其他通风系统合并设置。

[《火力发电厂与变电站设计防火标准》（GB 50229—2019）8.3.4]

3）吸风口设置：排风系统的吸风口应设在上部，吸风口上缘距顶棚平面或屋顶的距离不应大于 0.1m，当蓄电池室的顶棚被梁分隔时，每个分隔处均应设吸风口；因建筑构造形成的有爆炸危险气体排出的死角处应设置导流设施。

[《火力发电厂与变电站设计防火标准》（GB 50229—2019）8.3.4、《工业建筑供暖通风与空气调节设计规范》（GB 50019—2015）6.3.10]

4）防腐防爆要求：设置在蓄电池室内的通风机及电机应为防爆型，并应直接连接。

[《火力发电厂与变电站设计防火标准》（GB 50229—2019）8.3.4]

布置于蓄电池室内的通风机及其电机、空气调节装置的选型应符合《爆炸危险环境电力装置设计规范》（GB 50058—2014）的规定，且防爆等级不应低于氢气爆炸混合物的类别、级别、组别（ⅡCT1）。通风系统的设备、风管及其附件应采取防腐措施。

[《发电厂供暖通风与空气调节设计规范》（DL/T 5035—2016）6.2.5、6.2.9]

5）蓄电池室排风机应与室内设置的氢气浓度检测仪联锁自动运行。

[《火力发电厂与变电站设计防火标准》（GB 50229—2019）8.3.4]

6）排风系统应采取静电导除等静电防护措施；排风设备不应设置在地下或半地下；排风管道应具有不易积聚静电的性能，所排除的空气应直接通向室外安全地点。风管不应穿过防火墙，或者爆炸危险性房间、人员聚集的房间、可燃物较多的房间的隔墙。

[《建筑防火通用规范》（GB 55037—2022）9.1.3、9.3.3]

（3）电气设备房间、二次设备室等房间不具备自然通风条件时，应设置火灾后机械排风系统。该系统以恢复生产为目的，即在火灾扑灭后彻底排除室内的烟气和毒气，让运行人员及时进入室内处理事故，以便尽早恢复生产。火灾后机械排风系统可兼做正常通风。

[《火力发电厂与变电站设计防火标准》（GB 50229—2019）8.2.1]

（4）配备全淹没气体灭火系统的房间，通风系统穿越防护区隔墙或楼板处应设置具有电动关闭功能的防火阀或电动快关型风阀；排风系统的吸风管段应设置具有电动关闭功能的防火阀或电动快关型风阀，或吸风口采用具有电动关闭功能的防火风口；进风百叶窗应具有电动快关功能。通风空调系统与消防系统联锁，当发生火灾时，在消防系统喷放灭火气体前，通风或空调设备的防火阀、防火风口、电动风阀及百叶窗应能立即自动关闭。此外，应设置灭火后机械通风装置，排风口宜设置在防护区的下部并直通室外，通风换气次数应不少于每小时 6 次。电动快关型风阀及电动快关型百叶窗的控制电缆应实施耐火防护或选用具有耐火性能的电缆。

[《火力发电厂与变电站设计防火标准》（GB 50229—2019）8.7.3、11.6.1，《发电厂供暖通风与空气调节设计规范》（DL/T 5035—2016）6.5.6]

（5）通风空调系统与站内火灾报警系统联锁，当火灾发生时，送排风系统、空调系统应能自动停止运行。

[《火力发电厂与变电站设计防火标准》（GB 50229—2019）8.2.4、8.3.2、8.3.3、8.3.5、11.6.1，《35kV~110kV 变电站设计规范》（GB 50059—2011）4.5.5，《220kV~750kV 变电站设计技术规程》（DL/T 5218—2012）8.2.8]

（6）通风和空气调节系统的管道穿过防火墙、防火隔墙、楼板、建筑变形缝处，建筑内未按防火分区独立设置的通风和空调系统中的竖向风管与每层水平风管交接的水平管段处，均应采取防止火灾通过管道蔓延至其他防火分隔区域的设施。

[《建筑防火通用规范》（GB 55037—2022）6.3.5]

管道与建筑构件之间环形缝隙防火封堵见本书4.5.5，此外，还需采取在管道上设置相应性能的防火阀等防火分隔措施。有关防火阀的性能要求和动作温度等，可参考《建筑设计防火规范》（GB 50016—2014）、《建筑通风和排烟系统用防火阀门》（GB 15930—2017）等技术标准。风管穿过防火隔墙、楼板和防火墙时，穿越处风管上的防火阀两侧各2m范围内的风管应采用耐火风管或风管外壁应采用防火保护措施，且耐火极限不应低于该防火分隔的耐火极限。

建筑内通风、空气调节系统的送、回风管，当符合下列情况之一时，应设置防火阀，防火阀动作温度应为70℃，以免火灾蔓延和扩大：

1）穿越重要设备或火灾危险性大的房间隔墙和楼板处；

2）穿越通风空调机房的房间隔墙和楼板处；

3）穿越防火分区处；

4）穿越防火分隔处的变形缝两侧；

5）垂直风管与每层水平风管交接处的水平管段上。

[《火力发电厂与变电站设计防火标准》（GB 50229—2019）8.2.2，《建筑设计防火规范》（GB 50016—2014）6.3.5]

（7）通风空调系统的风道及其附件应采用不燃材料制作，挠性接头可采用难燃材料制作。穿越墙体或楼板的防火阀两侧各2m范围内的风道保温应采用不燃材料制作。空气调节系统风道的保温材料、冷水管道的保温材料、消声材料及其粘结剂，应采用不燃烧材料。

[《火力发电厂与变电站设计防火标准》（GB 50229—2019）8.2.3、8.2.7、8.2.8]

第**6**章

消防给水及消火栓
系统

变电站的规划和设计，应同时考虑水基灭火系统的配置，计算消防用水量，选取可靠的消防水源，同步设计消防给水系统及消火栓系统。

6.1 设计基本参数

变电站中，主要针对建筑物和电气设备两类保护对象设置水基灭火系统，消防用水量按照同一时间内最大一起火灾所需消防用水量确定。

6.1.1 水基灭火系统配置

变电站内设置的水基灭火系统包括室外消火栓系统、室内消火栓系统、水喷雾灭火系统、细水雾灭火系统、泡沫灭火系统等。

室外消火栓系统设置应符合下列规定：

（1）耐火等级不低于二级、体积不超过 $3000m^3$ 的戊类建筑物可不设室外消火栓系统，建筑物不能同时满足上述不设室外消火栓的条件且建筑占地面积大于 $300m^2$ 时，应设置室外消火栓系统。

[《建筑防火通用规范》（GB 55037—2022）8.1.5]

（2）变电站户外配电装置区域（采用水喷雾的油浸变压器、油浸电抗器消火栓除外）可不设室外消火栓系统。

[《火力发电厂与变电站设计防火标准》（GB 50229—2019）11.5.6]

室内消火栓系统设置应符合下列规定：

（1）远离城镇且无人值守的独立建筑物可不设室内消火栓系统，建筑占地面积大于 $300m^2$ 的丙类建筑物应设置室内消火栓系统。

[《建筑防火通用规范》（GB 55037—2022）8.1.7]

（2）地上变电站中有充油设备的建筑物、地下变电站应设置室内消火栓并配置喷雾水枪。

[《火力发电厂与变电站设计防火标准》（GB 50229—2019）11.5.7]

（3）交流变电站主控制楼、继电器室、无充油设备的配电装置楼及占地面积不大于 $300m^2$ 的建筑为独立建筑物时可不设室内消火栓系统。

[《火力发电厂与变电站设计防火标准》（GB 50229—2019）11.5.8]

电气设备固定灭火系统（水喷雾灭火系统、细水雾灭火系统、泡沫灭火系统等）设置应符合下列规定：

（1）单台容量为 125MVA 及以上的油浸变压器、200Mvar 及以上的油浸电抗器应设置水喷雾灭火系统或其他固定式灭火装置。

[《火力发电厂与变电站设计防火标准》（GB 50229—2019）11.5.4]

（2）设置在室内的油浸变压器、充可燃油的高压电容器和多油开关室，可采用细水雾灭火系统。

[《建筑设计防火规范》（GB 50016—2014）8.3.8]

（3）独立变电站的油浸变压器可选用泡沫喷雾系统保护。

[《火力发电厂与变电站设计防火标准》（GB 50151—2021）6.1.2]

（4）电缆层设置的固定灭火系统可选择水喷雾灭火系统、细水雾灭火系统、水喷淋灭火系统、气体灭火系统、干粉灭火装置，电缆竖井设置的固定灭火系统可选择细水雾灭火系统、自动喷水灭火系统、干粉灭火装置。

[《火力发电厂与变电站设计防火标准》（GB 50229—2019）7.1.8]

6.1.2　设计流量及消防用水量计算

变电站同一时间内的火灾次数按一次确定，火灾灭火所需消防用水的设计流量应由室外消火栓系统、室内消火栓系统、水喷雾灭火系统、细水雾灭火系统等需要同时作用的各种水基灭火系统的设计流量组成。消防用水设计流量确定应符合下列规定：

[《火力发电厂与变电站设计防火标准》（GB 50229—2019）11.5.2，《消防给水及消火栓系统技术规范》（GB 50974—2014）3.1.2]

（1）设计流量应按需要同时作用的各种水基灭火系统最大设计流量之和确定；

（2）两座及以上建筑物或建筑物与电气设备合用消防给水系统时，设计流量应满足较大用水量要求。

因此，以建筑物和电气设备为对象分别确定其所设置的各灭火系统设计流量，火灾灭火所需消防用水量按火灾时一次最大室内和室外消防用水量之和计算。

建筑物室外消火栓设计流量、室内消火栓设计流量不应小于表 6-1 和表 6-2 中的设计流量值。丙类建筑物消火栓系统的火灾延续时间不应小于 3h，丁、戊类建筑物消火栓系统的火灾延续时间不应小于 2h。

表 6-1　　　　　　　　　　　　室外消火栓设计流量　　　　　　　　　　　　单位：L/s

建筑物耐火等级	建筑物类别	建筑物体积 V（m³）				
		≤ 1500	1500 < V ≤ 3000	3000 < V ≤ 5000	5000 < V ≤ 20000	20000 < V ≤ 50000
一、二级	丙类建筑	15		20	25	30
	丁、戊类建筑	15				
	丁、戊类仓库	15				

表 6-2　　　　　　　　　　　　室内消火栓设计流量

建筑物名称	建筑高度 H（m）、体积 V（m³）、火灾危险性			消火栓用水量（L/s）	同时使用消防水枪数（支）	每根竖管最小流量（L/s）
配电装置楼、控制楼及其他生产类建筑物	$H ≤ 24$	丁、戊		10	2	10
		丙	$V ≤ 5000$	10	2	10
			$V > 5000$	20	4	15
	$24 < H ≤ 50$	丁、戊		25	5	15
		丙		30	6	15

［《火力发电厂与变电站设计防火标准》（GB 50229—2019）11.5.3、11.5.9，《消防给水及消火栓系统技术规范》（GB 50974—2014）3.6.2］

油浸变压器的室外消火栓设计流量不应小于表 6-3 中的设计流量值，室外消火栓系统的火灾延续时间不应小于 2h，当油浸变压器采用水喷雾灭火系统全保护时，其室外消火栓设计流量可按表 6-3 中规定值的 50% 计算，但不应小于 15L/s。

［《消防给水及消火栓系统技术规范》（GB 50974—2014）3.4.8、3.6.2］

油浸变压器的固定灭火系统设计流量依据被保护对象的外形进行喷头布置，满足覆盖要求和喷雾强度并进行水力计算，确定设计流量。

表 6-3　　　　　　　　油浸式变压器室外消火栓设计流量　　　　　　　　单位：L/s

变电站单台油浸变压器含油量 W（t）	5 < W ≤ 10	15
	10 < W ≤ 50	20
	W > 50	30

6.2 消防水源

变电站消防水源一般选用市政给水、消防水池、储水箱等。消防水源水质应满足水灭火设施的功能要求，严寒、寒冷等冬季结冰地区的消防水池、储水箱等应采取防冻措施。

6.2.1 市政给水

市政给水作为水源时，市政给水管网应能连续供水，并应采用两路消防供水，当变电站内建筑物室外消火栓设计流量小于等于 20L/s 时可采用一路消防供水，由市政给水管网直接供水给室外消火栓。

[《消防给水及消火栓系统技术规范》（GB 50974—2014）4.2.1、6.1.3]

如图 6-1 所示，用作两路消防供水的市政给水管网应满足下列要求：

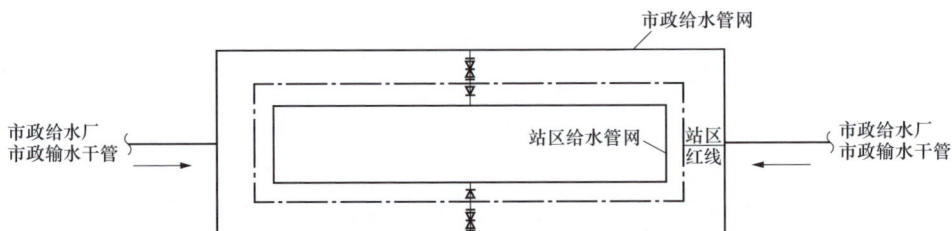

图 6-1　市政给水管网用作两路消防供水的示意图

（1）市政给水厂应至少有两条输水干管向市政给水管网输水；

（2）市政给水管网应为环状管网；

（3）应至少有两条不同的市政给水干管上的不少于两条引入管向消防给水系统供水。

[《消防给水及消火栓系统技术规范》（GB 50974—2014）4.2.2]

6.2.2 消防水池

1. 消防水池设置原则

当变电站周边市政给水管网无法满足室内外消防给水设计流量时或市政给水管道上只能接入一路入户管而室外消火栓设计流量大于20L/s 时，变电站内消防给水系统均需设置消防水池。

[《消防给水及消火栓系统技术规范》（ GB 50974—2014 ） 4.3.1]

当水基灭火系统所需压力较高而配置有消防水泵加压时，消防水泵吸水也需设置消防水池。

2. 消防水池储水容积

消防水池一般储存消火栓系统、水喷雾灭火系统所需用水，消防用水与其他用水共用时应采取确保消防用水量不作他用的技术措施。

[《消防设施通用规范》（ GB 55036—2022 ） 3.0.8]

消防水池有效容积按建筑物与电气设备这两类保护对象灭火所需消防用水量的最大值确定。当容量 125MVA 及以上的油浸变压器布置在建筑物内，保护油浸变压器室所需消防用水量最大，为室内消火栓用水量、室外消火栓用水量最大值、固定灭火系统用水量之和。不同电压等级的变电站站内消防水池储存火灾延续时间内所有室内、室外消防用水量时有效容积值参照表 6-4 确定。

工程具体设计中，消防水池有效容积的计算还要考虑是否可以减去火灾时水池进水的连续补水量，补水量计算值等于火灾时补水流量与灭火系统中火灾延续时间最大者之积，需注意连续补水要满足：

（1）消防水池采用两路消防供水（用作两路消防供水的市政管网需满足本书 6.2.1 中的三个条件）。

（2）在火灾情况下连续补水的补水流量大于消防给水一起火灾灭火流量。

消防水池有效容积减去连续补水量之后需核算消防水池的有效容积不应小于 100m³，仅设有消火栓系统时不应小于 50m³。消防水池的有效容积大于 500m³ 时，站区宜设置两个能独立使用的消防水池；消防水池的有效容积大于 1000m³ 时，站区应设置能独立使用的两座消防水池。

[《消防设施通用规范》（ GB 55036—2022 ） 3.0.8、《消防给水及消火栓系统技术规范》（ GB 50974—2014 ） 4.3.6]

127

表6-4 不同电压等级的变电站站内消防水池有效容积

电压等级	变电站类型	建筑物火灾危险性、耐火等级、体积 V、高度 H	建筑物消防用水量 室内、室外各系统所需用水量	合计	油浸变压器油量 W	油浸变压器消防用水量 室内、室外各系统所需用水量	合计	消防水池有效容积
110kV	半户内站	配电装置楼：丁类、二级、5000m³ < V ≤ 20000m³，H < 24m	室外消火栓系统：108m³	108m³	10t < W ≤ 50t	室内、室外消火栓系统：144m³	144m³	144m³
110kV	全户内站	配电装置楼：丙类、二级、5000m³ < V ≤ 20000m³，H < 24m	室外消火栓系统：270m³ 室内消火栓系统：216m³	486m³	10t < W ≤ 50t	室外消火栓系统：144m³	144m³	486m³
220kV	全户外站	配电装置楼：丁类、二级、V < 5000m³，H < 24m	室外消火栓系统：108m³	108m³	W > 50t	室外消火栓系统：108m³ 水喷雾灭火系统：200m³左右（取决于主变压器外形尺寸）	308m³	308m³（水喷雾灭火系统用水量取决于主变压器外形尺寸）

续表

电压等级	变电站类型	建筑物火灾危险性、耐火等级、体积 V、高度 H	建筑物消防用水量 室内、室外各系统所需用水量	建筑物消防用水量 合计	油浸变压器油量 W	油浸变压器消防用水量 室内、室外各系统所需用水量	油浸变压器消防用水量 合计	消防水池有效容积
220kV	半户内站	110kV配电装置楼：丁类，二级，5000＜V≤20000m³，H＜24m。220kV配电装置楼：丙类，二级，5000m³＜V≤20000m³，H＜24m	室外消火栓系统：270m³ 室内消火栓系统：216m³	486m³	$W＞50t$	室外消火栓系统：108m³ 水喷雾灭火系统：200m³左右（取决于主变压器外形尺寸）	308m³	486m³
	全户内站	配电装置楼：丙类，二级，2000m³＜V＜5000m³，H＜24m	室外消火栓系统：324m³ 室内消火栓系统：216m³	324m³ / 216m³	$W＞50t$	室外消火栓系统：108m³ 水喷雾灭火系统：200m³左右（取决于主变压器外形尺寸）	108m³ / 200m³左右（取决于主变压器外形尺寸）	740m³（水喷雾灭火系统用水量取决于主变压器外形尺寸）

续表

电压等级	变电站类型	建筑物火灾危险性、耐火等级、体积 V、高度 H	建筑物消防用水量		油浸变压器油量 W	油浸变压器消防用水量		消防水池有效容积
			室内、室外各系统所需用水量	合计		室内、室外各系统所需用水量	合计	
500kV	全户外站	主控通信楼：丁类，二级，$V<3000m^3$，$H<24m$。继电器室：丁类，二级，$V<3000m^3$，$H<24m$。站用变压器室：丁类，二级，$V<3000m^3$，$H<24m$	室外消火栓系统：108m³	108m³	$W>50t$	室外消火栓系统：108m³ 水喷雾灭火系统：200~500m³左右（取决于主变压器外形尺寸）	300~500m³	300~500m³（水喷雾灭火系统用水量取决于主变压器外形尺寸）
	半户内站	主控通信楼：丁类，二级，$V<3000m^3$，$H<24m$。500kV配电装置楼：戊类，二级，$V>5000m^3$，$H<24m$。220kV配电装置楼：戊类，二级，$20000m^3<V<50000m^3$，$H<24m$。继电器室：丁类，二级，$V<3000m^3$，$H<24m$。站用变压器室：丁类，二级，$V<3000m^3$，$H<24m$	室外消火栓系统：108m³	108m³	$W>50t$	室外消火栓系统：108m³ 水喷雾灭火系统：200~500m³左右（取决于主变压器外形尺寸）	300~500m³	300~500m³（水喷雾灭火系统用水量取决于主变压器外形尺寸）

续表

电压等级	变电站类型	建筑物火灾危险性、耐火等级、体积 V、高度 H	建筑物消防用水量 室内、室外各系统所需用水量	建筑物消防用水量 合计	油浸变压器油量 W	油浸变压器消防用水量 室内、室外各系统所需用水量	油浸变压器消防用水量 合计	消防水池有效容积
500kV	全户内站	配电装置楼：丙类、二级、V＞50000m³、H＜24m	室外消火栓系统：432m³	432m³	W＞50t	室外消火栓系统：108m³	108m³	1148m³（水喷雾灭火系统用水量取决于主变压器外形尺寸）
			室内消火栓系统：216m³	216m³		水喷雾灭火系统：500m³左右（取决于主变压器外形尺寸）	500m³左右（取决于主变压器外形尺寸）	

注 表中用水量计算所需设计参数依据《消防给水及消火栓系统技术规范》（GB 50974—2014）、《火力发电厂与变电站设计防火标准》（GB 50229—2019）、《水喷雾灭火系统技术规范》（GB 50219—2014）选用。

3. 消防水池设计要求

（1）进水管。进水管管径不应小于DN100，进水管上需要设置阀门、自动水位控制阀、电动阀等附件，同时为保护水位控制阀的导管、针阀等处不被杂质堵塞，阀前需设置过滤器，如图6-2所示。为便于察看进水情况、维护水池进水管上的浮球等附件，进水管设置在检修孔附近。

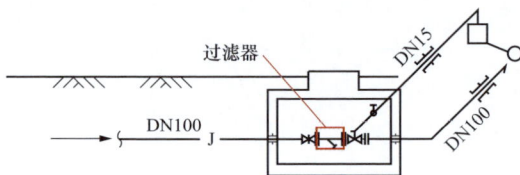

图6-2　进水管上过滤器示意图

［《消防给水及消火栓系统技术规范》（GB 50974—2014）4.3.3，《建筑给水排水设计标准》（GB 50015—2019）3.5.15］

（2）出水管。消防水池出水管应保证消防水池有效容积（见图6-3）内的水能被全部利用。

在水池内设置水泵吸水井，水泵吸水管管口设置喇叭口并伸至吸水井中，吸水管及吸水喇叭口参照图6-4布置。

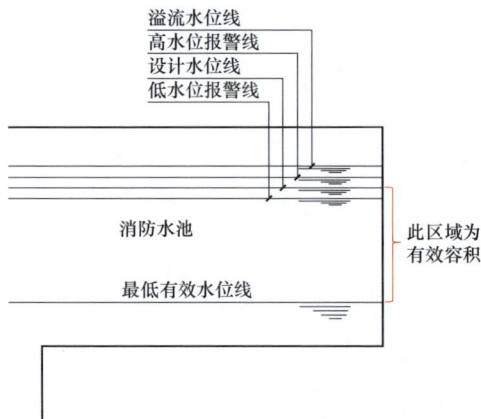

图6-3　消防水池有效容积示意图

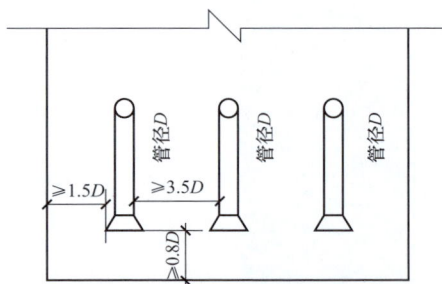

图6-4　吸水管布置示意图

［《消防设施通用规范》（GB 55036—2022）3.0.8，《建筑给水排水设计标准》（GB 50015—2019）3.9.5］

水泵吸水管喇叭口的淹没深度和消防水池最低有效水位应满足水泵自灌式

吸水的要求，离心泵放气孔或出水管不高于水池最低有效水位，如图 6-5 和图 6-6 所示，轴流泵第一个水泵叶轮底部应低于消防水池的最低有效水位，如图 6-7 所示。

（3）溢流管、排水管。消防水池应设置溢流管。溢流水位宜高出水池最高报警水位 50mm 左右，溢流管喇叭口与溢流水位在同一水位线上，喇叭口下的垂直管段不宜小于 4 倍溢流管管径，且管道上不应装设阀门，如图 6-8 所示。

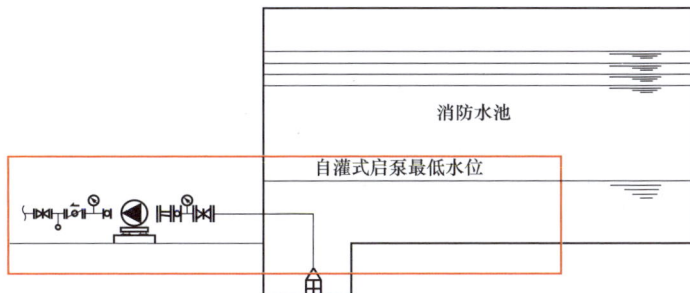

图 6-5　采用离心泵时水泵自灌吸水最低水位示意图（一）

图 6-6　采用离心泵时水泵自灌吸水最低水位示意图（二）

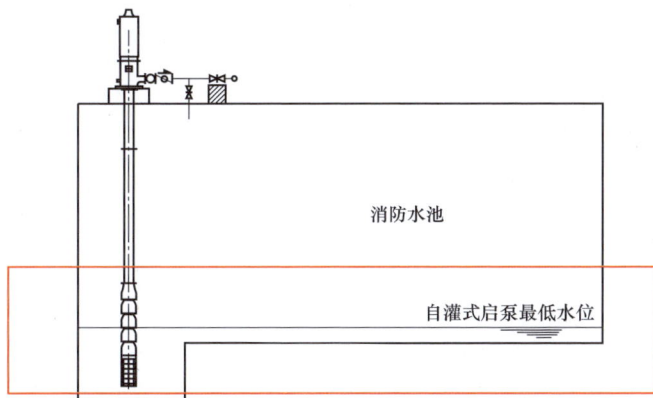

图 6-7　采用轴流泵时水泵自灌吸水最低水位示意图

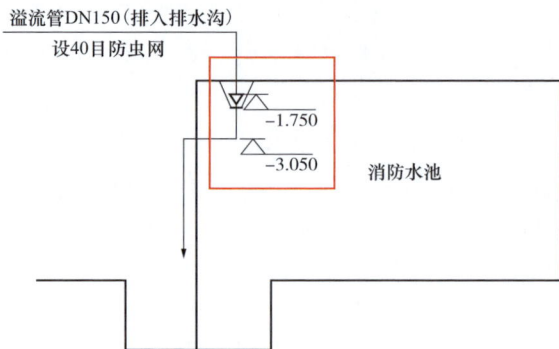

图 6-8　溢流管设置示意图

[《消防设施通用规范》（GB 55036—2022）3.0.8，《建筑给水排水设计标准》（GB 50015—2019）3.8.6]

溢流管应采用间接排水。

[《消防设施通用规范》（GB 55036—2022）3.0.8]

当溢流管接至溢流井（见图 6-9）时，水池内溢流管喇叭口溢流边缘高出溢流井内喇叭口或溢流堰溢流边缘的高度不小于 200mm，溢流井井顶标高不低于站区防洪标准；当溢流井中排水无法重力流至站区雨水管网，需设置潜污泵提升排放时，单台潜污泵流量需大于消防水池进水管的补水量，扬程应按溢流井内最低水位至室外排放点的提升高度、管道系统水头损失、另附加 2~3m 的安全水头计算确定，潜污泵规格和布置系统如图 6-10 所示，溢流井有效容积需保证潜污泵每小时的启停次数不宜超过 6 次。

消防水池应设置排水设施，排水设施也应采用间接排水。排水可重力排放或由潜污泵提升排放，重力排水管上应设置控制阀门，如图 6-11 所示。

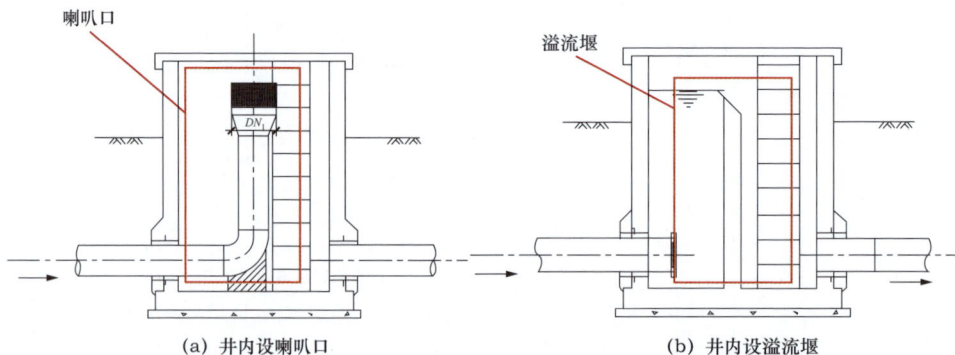

(a) 井内设喇叭口　　　　　　　　(b) 井内设溢流堰

图 6-9　溢流井示意图

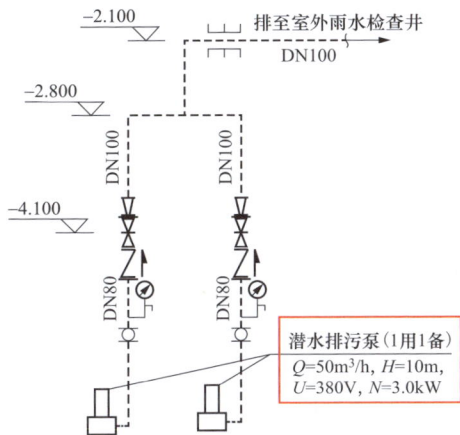

图 6-10　潜污泵排水系统图

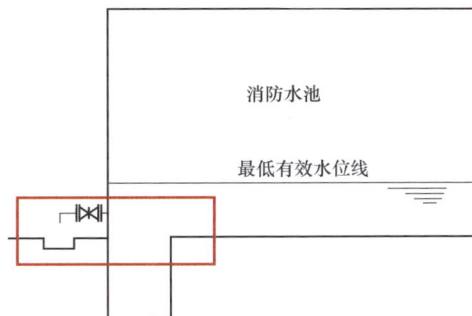

图 6-11　水池排水设施设置示意图

[《消防设施通用规范》（GB 55036—2022）3.0.8]

（4）水位显示装置。消防水池应设置就地水位显示装置，并应在消防控制中心或值班室等地点设置显示消防水池水位的装置，如图 6-12 所示，应同时有最高和最低报警水位。

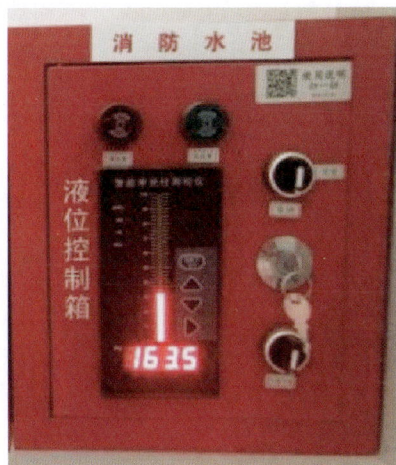

图 6-12　控制室内消防水池的液位控制箱

[《消防设施通用规范》（GB 55036—2022）3.0.8]

变电站内消防水池常用的水位就地显示及传输装置有玻璃管液位计、磁耦合液位计（磁翻板式、磁浮子式，通常水池壁侧装，见图 6-13）、超声波液位计（通常水池顶装，见图 6-14）、液位传感器等。

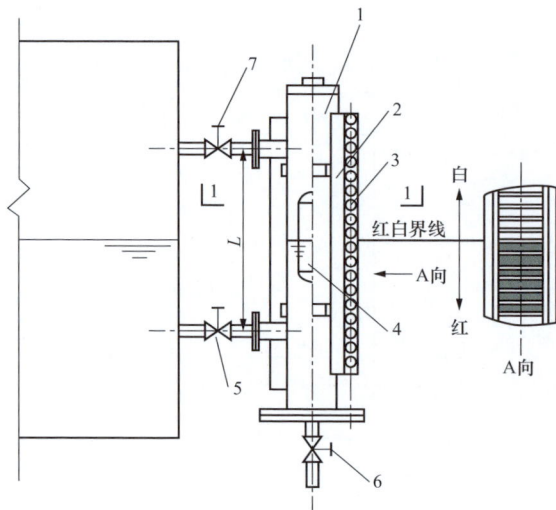

图 6-13 磁耦合液位计安装示意图

图 6-14 超声波液位计安装示意图

1—表体；2—液位显示器；3—磁柱；4—磁浮筒；
5—通液阀；6—排污阀；7—通气阀

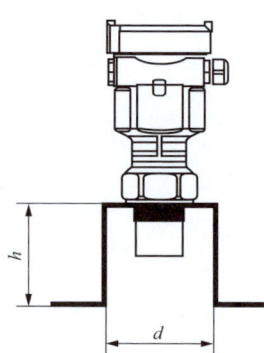

（5）通气管。消防水池应设置通气管。通气管可根据最大进水量或出水量求得最大通气量，按通气量计算确定通气管的直径和数量，通气管内空气流速可采用 5m/s。每两根通气管的通气出口高差参照图集《矩形钢筋混凝土蓄水池》（22S804）执行，通气管上不得设置阀门，如图 6-15 所示。

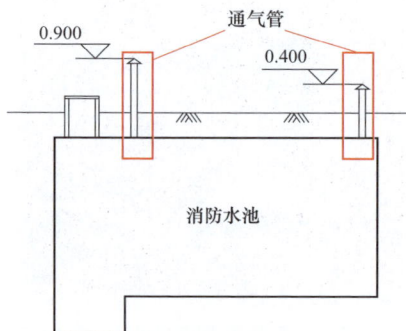

图 6-15 通气管设置示意图

[《消防给水及消火栓系统技术规范》（GB 50974—2014）4.3.10,《建筑给水排水设计标准》（GB 50015—2019）3.8.6]

（6）取水口。储存室外消防用水的消防水池或供消防车取水的消防水池应设置取水口（井），取水口（井）距离消防车道的边缘不宜大于2m。取水口及连通管的设置如图6-16所示。

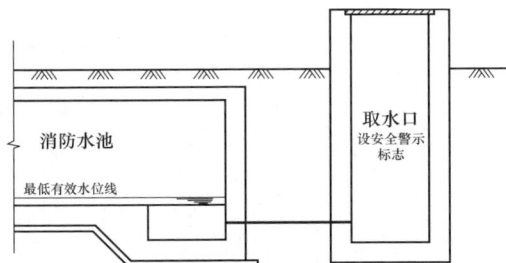

图6-16 取水口（井）连通管设置示意图

[《消防给水及消火栓系统技术规范》（GB 50974—2014）4.3.7，《建筑设计防火规范》（GB 50016—2014）7.1.7]

当室外消防给水不设室外消火栓泵，而是由消防车从室外消防水池吸水时，每格（座）消防水池至少应设1个取水口，取水口数量应满足室外消火栓设计流量，设置多个取水口有困难时可适当加大取水口尺寸来满足室外消火栓设计流量；当室外消防给水采用临时高压消防给水系统时，每格（座）消防水池可设1个取水口。

供一台消防车取水的取水口平面尺寸不宜小于700mm×700mm，供两台消防车取水的取水口平面尺寸不宜小于1000mm×1500mm。考虑到消防车取水口高度1m，取水口埋地的连通管与室外地坪之间的间距不应大于5m，且连通管管顶位于消防水池最低有效水位之下，连通管管径可由室外消火栓设计流量计算确定，连通管流速可参照消防水泵吸水管流速选取。取水口底部标高与消防水池最低有效水位之间的高差不应小于连接管水头损失和安全水头（可取0.30m）之和。当检修孔兼作取水口（井）时，水池最低有效水位与室外地坪之间的间距不应大于5m。

取水口（井）的保护半径不应大于150m，当保护半径大于150m时室外消防给水应采用临时高压消防给水系统。

[《消防给水及消火栓系统技术规范》（GB 50974—2014）6.1.5]

（7）检修孔。消防水池应至少设置一个圆形或方形的检修孔。水池顶部通常设置圆形检修孔（压力能均匀传递到四周，使其本身及其四周均匀承重），尺寸不小于 ϕ800；水池侧面可设置方形检修孔（易攀爬，可考虑在人孔顶部设置挂钩用于人员进出时悬挂安全绳），长度、高度均不小于700mm，长度方向可适度放宽。

（8）池体材质。消防水池一般采用现浇钢筋混凝土结构，也可采用装配式，如图 6-17 所示。

图 6-17 装配式消防水池

选择装配式时箱板材质可采用热镀锌钢板、不锈钢板或由热镀锌钢板与不锈钢板组成的复合钢板，板材厚度、防腐性能、箱内连接方式、附属设施技术要求及装配式设计、施工及验收要求应符合《装配式水箱一体化消防给水泵站技术规程》（T/CECS 623—2019）的相关规定。

6.2.3　储水箱

1. 储水箱设置原则

目前，泵组式泡沫喷雾灭火系统、泵组式泡沫－水喷雾灭火系统多应用于改、扩建站，考虑到用水可靠性，宜单独配置储水箱，如图 6-18 所示。

细水雾灭火系统的喷头对水质的要求高，储水设施需避免与其他灭火系统的水池（箱）合用；另外，考虑到用水可靠性，及避免水泵从市政给水管网直接抽水造成的较大冲击，细水雾灭火系统需单独配置储水箱，如图 6-18 所示。

2. 储水箱储水容积

储水箱有效容积为系统设计流量与系统设计喷雾时间之积。

(a) 泡沫喷雾系统储水箱　　　(b) 细水雾系统储水箱

图 6-18　储水箱

3. 储水箱设计要求

储水箱进水管、出水管、溢流管、排水管、水位显示装置、通气管、检修孔等相关设计要求参照本书 6.2.2 中（3）消防水池设计要求执行。

（1）进水管、出水管部分。泵组式泡沫喷雾灭火系统或泵组式泡沫 - 水喷雾灭火系统考虑到泡沫液储罐内原有配置的泡沫液使用完可再补充泡沫液，系统能持续以设计流量和设计工作压力运行，进水管的补水流量不小于系统设计流量；细水雾灭火系统的储水箱，其补水流量不应小于系统设计流量，储水箱进水口处需设置过滤器，出水口或控制阀前也需设置过滤器，过滤器的设置位置应便于维护、更换和清洗等。

[《细水雾灭火系统技术规范》（GB 50898—2013）3.4.21、3.5.9]

（2）储水箱材质部分。泵组式泡沫喷雾灭火系统或泵组式泡沫 - 水喷雾灭火系统所用的水源水质需与泡沫液的要求相适应，且水中不能含有堵塞比例混合装置、泡沫产生装置的固体颗粒，储水箱宜采用密闭结构且采用保证水质的材料制作；细水雾灭火系统的储水箱应采用密闭结构，并应采用不锈钢或其他能保证水质的材料制作，储水箱应具有防尘避光的技术措施。

[《细水雾灭火系统技术规范》（GB 50898—2013）3.5.4]

（3）储水箱布置部分。储水箱外壁与建筑本体结构墙面或其他池壁之间的净距，应满足施工或装配的需要，无管道侧面，净距不宜小于 0.70m，安装有管道的侧面，净距不宜小于 1m，且管道外壁与建筑本体墙面之间的通道宽度不宜小于 0.60m，设有人孔的水箱顶其顶面与上面的建筑物本体板底的净空不应小于 0.80m。

[《建筑给水排水设计标准》（GB 50015—2019）3.8.1]

6.3 给水形式

消防给水系统可分为高压消防给水系统、临时高压消防给水系统和低压消防给水系统。变电站内采用的大多是临时高压消防给水系统、低压消防给水系统。

6.3.1 临时高压消防给水系统

变电站配置室内消火栓系统时，多采用临时高压消防给水系统，且不与生产生活给水系统合用，若建筑物无需配置室内消火栓系统但设有消防软管卷盘或轻便消防水龙时，室内消防给水系统可与生产生活给水系统合用，合用系统需满足消防软管卷盘或轻便水龙的工作压力和流量要求。

工艺装置区，如油浸变压器、油浸电抗器等的室外消防给水相当于建筑物的室内消防给水系统，对于火灾蔓延速度快的可燃液体、气体等应采用高压或临时高压消防给水系统，在变电站内油浸变压器、油浸电抗器区域的室外消火栓系统和固定灭火系统多采用临时高压消防给水系统。

[《消防给水及消火栓系统技术规范》（GB 50974—2014）6.1.4]

临时高压消防给水系统的供水方式为消防水池→消防水泵→水灭火设施。

临时高压消防给水系统的一种特殊形式是稳高压消防给水系统，稳高压消防给水系统需要设置稳压装置，稳压装置类型包括稳压泵、气压罐（配套设置增压泵）、高位消防水箱（配套设置增压泵），不论设置何种稳压装置，系统在准工作状态和消防时管网内水压始终满足消防用水对水压的要求，对消防动作及时性和灭火成功率是有利的。变电站内布置有油浸变压器等含油电气设备，因供水供压迅速，需优先配置稳高压消防给水系统。

6.3.2 低压消防给水系统

低压消防给水系统能满足车载或手抬移动消防水泵等取水所需要的工作压力和流量，其供水方式是利用市政给水管网（或其他供水管网）直接供水。当市政给水管网（或其他供水管网）供水流量能满足火灾延续时间内所需消防用水量要求，其供水压力虽不满足水灭火设施所需要的工作压力但满足车载或手抬移动消防水泵等取水所需要的工作压力时，可采用低压消防给水系统。

变电站内建筑物仅需配置室外消火栓系统（无需配置室内消火栓）时，室外消火栓系统可采用低压消防给水系统，由市政给水管网直接供水时应采用两路消防供水，但室外消火栓设计流量小于等于 20L/s 时可采用一路消防供水。

[《消防给水及消火栓系统技术规范》（GB 50974—2014）6.1.3]

若油浸变压器、油浸电抗器等构筑物不需设置固定灭火系统，室外消防设计流量不大于 30L/s，且在城镇消防站保护范围内，保护油浸变压器、油浸电抗器等区域的室外消火栓系统可采用低压消防给水系统。

[《消防给水及消火栓系统技术规范》（GB 50974—2014）6.1.4]

6.4 供水设施

供水设施包括消防水泵、高位消防水箱、稳压泵等。

6.4.1 消防水泵

消防水泵可选择离心泵、轴流深井泵等满足消防给水系统所需流量和压力要求的水泵。变电站内消防水泵通常采用离心泵，如图 6-19 所示，离心泵采用自灌式吸水，吸水管布置应避免形成气囊，吸水管变径连接时采用偏心异径管件并采用管顶平接。当消防水池最低水位低于离心泵出水管中心线或水源水位不能保证离心泵吸水时，可采用轴流深井泵，如图 6-20 所示。

离心泵通常布置于地下泵房内，从地下水池内吸水。但在长期运行中，地下泵房存在被淹、积水无法及时排出等问题，离心泵等设备存在受潮容易锈蚀等问题。而轴流深井泵通常设置在地上泵房内，采用湿式深坑的安装方式安装于消防水池上，解决了泵房被淹、积水等问题，但安装运行时对泵轴的垂直度有要求，轴流深井泵出厂时整套设备（电机 + 泵轴）已通过垂直度检测，若出厂后设备在现场拆开安装可能会影响泵轴的垂直度，故泵房的高度需满足深井轴流泵的安装要求。

临时高压消防给水系统一般在水泵出水管上设置超压泄压阀防止管网压力过大，如图 6-21 所示，泄压阀的泄压值不应小于设计扬程的 120%，为保护泄

图 6-19　离心泵

图 6-20　轴流深井泵

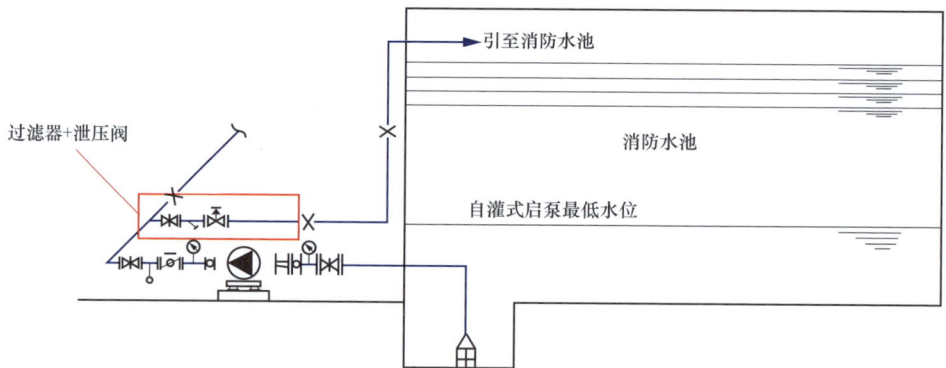

图 6-21　超压泄压阀设置示意图

压阀还需在阀前设置过滤器。

　　[《消防给水及消火栓系统技术规范》（GB 50974—2014）5.1.16,《建筑给水排水设计标准》（GB 50015—2019）3.5.15]

　　消防水泵出水管应进行停泵水锤压力计算，当计算所得的水锤压力值超过管道试验压力值时，应采取消除停泵水锤的技术措施。水锤消除装置包括水锤吸纳器、速闭止回阀、缓闭止回阀、多功能水泵控制阀等，一般在水泵出水管上安装缓闭止回阀等带水锤消除功能的止回阀，同时在水泵出水管上安装水锤吸纳器，水锤吸纳器通常采用活塞式，如图 6-22 所示。当水泵出水管上设有囊式气压水罐时也可考虑不设水锤消除装置。

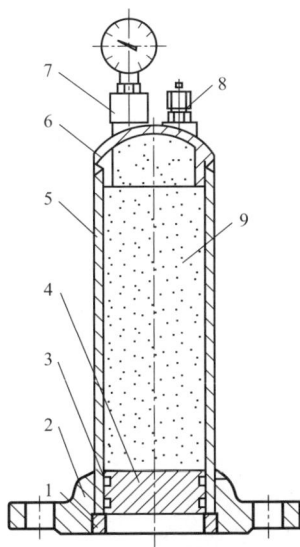

图 6-22 活塞式水锤吸纳器

1—挡圈；2—连接法兰；3—密封圈；4—活塞；5—壳体；6—封头；
7—压力表组件；8—充气塞组件；9—缓冲气压腔

［《消防给水及消火栓系统技术规范》（GB 50974—2014）5.5.11、8.3.3］

变电站内消防水泵应能自动启动和手动启停，消防水泵的控制柜通常配置双电源柜、自动控制柜、自动巡检柜、机械应急操作柜。自动启动包括直接自启动和火灾自动报警系统联动控制：变电站内消火栓系统所配置的消防水泵通常由水泵出水干管上压力开关的开关信号、高位消防水箱出水管上流量开关的开关信号来直接自动启动，水喷雾灭火系统等固定灭火系统所配置的消防水泵也可由固定灭火系统报警阀处的压力开关信号来直接自动启动；消防水泵由火灾报警系统联动控制时，消火栓按钮的动作信号不宜作为直接自启动消防水泵的信号，应作为报警信号及启动消防水泵的联动触发信号，由消防联动控制器联动控制消防水泵的启动。手动启停主要是将消防水泵控制柜的启动、停止按钮用专用线路直接连接至消防联动控制器的手动控制盘，消防水泵处还设置就地强制启停泵按钮，并设保护装置。

［《消防给水及消火栓系统技术规范》（GB 50974—2014）11.0.5、11.0.4、
11.0.19、11.0.7、11.0.8］

6.4.2　高位消防水箱

高位消防水箱指设置在屋顶直接向水灭火设施重力供应初期火灾消防用水量的储水设施。室内设置临时高压消防给水系统时在建筑物屋顶设置高位消防水箱，如图 6-23 所示，当设置高位消防水箱确有困难且采用安全可靠的消防给水形式时，可不设高位消防水箱，但应设稳压泵。安全可靠的消防给水形式主要是指保障水源、水泵以及供电电源的措施，包括：①设置消防水池，当没有消防水池时采用两路市政消防供水；②消防水泵和稳压泵均设置备用泵；③采用双电源供电。

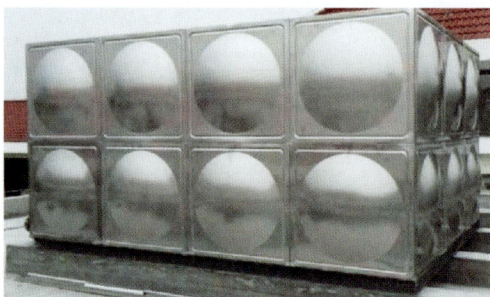

图 6-23　高位消防水箱

[《消防给水及消火栓系统技术规范》（GB 50974—2014）6.1.9]

高位消防水箱利用重力自流供水，位置高于其所服务的水灭火设施，水箱最低有效水位需满足水灭火设施最不利点处的静水压力，当不能满足静水压力要求时则需设稳压泵。

[《消防给水及消火栓系统技术规范》（GB 50974—2014）5.2.2]

水箱的进水管上需设置阀门、自动水位控制阀等附件，为保护自动水位控制阀需在阀前设置过滤器。通气管可根据最大进水量或出水量求得最大通气量，按通气量计算确定通气管的直径和数量，通气管内空气流速可采用 5m/s。

[《建筑给水排水设计标准》（GB 50015—2019）3.5.15、3.8.6]

水箱应设置就地水位显示装置，就地水位显示装置优先选用保温型磁耦合液位计，在消防控制中心或值班室等地点设置显示水箱水位的装置，如图 6-24所示，水箱设置最高、最低报警水位，并将水位信号远传至监控平台。

[《消防给水及消火栓系统技术规范》（GB 50974—2014）5.2.6]

高位消防水箱可采用热浸锌镀锌钢板、钢筋混凝土、不锈钢板等建造。不锈钢水箱优先选用装配式水箱，采用焊接式水箱时水箱采用内外双面焊，焊接材料应与不锈钢材质匹配，焊缝应进行抗氧化处理，并考虑刷防腐涂料等处理措施。不锈钢水箱厂家需提供水箱满足相关标准规定的耐氯离子腐蚀能力的报告。

图 6-24　控制室内高位消防水箱的液位控制箱

6.4.3　稳压泵及气压罐

稳压泵及气压罐用于临时高压消防给水系统在平时状态下维持压力，布置于屋顶或泵房内。

变电站内存在以下情况之一需设置稳压泵（见图 6-25）：

图 6-25　稳压泵

（1）独立的室外临时高压消防给水系统。

（2）室内临时高压消防给水系统未设高位消防水箱。

（3）室内临时高压消防给水系统设置有高位消防水箱，但水箱最低有效水位不能满足静水压力要求。

[《消防给水及消火栓系统技术规范》（GB 50974—2014）5.2.2、6.1.7、6.1.9]

设置稳压泵的临时高压消防给水系统一般配套设置气压水罐，防止稳压泵启停频繁。

稳压泵的设计流量不应小于消防给水系统管网的正常泄漏量，当没有管网泄漏量数据时，稳压泵的设计流量宜按消防给水设计流量的1%~3%计，且不宜小于1L/s。稳压泵由消防给水管网或气压水罐上设置的自动启停泵压力开关或压力变送器控制，计算稳压泵自动启停泵压力及稳压泵扬程时，需要考虑稳压泵的设置位置，稳高压系统还需同时考虑到在准工作状态下管网内水压始终满足消防用水对水压的要求。

6.4.4 水泵接合器

消防水泵接合器是水基灭火系统的第三供水水源，是固定设置在建筑物外，用于消防车或机动泵向建筑物内消防给水系统输送消防用水和其他液体灭火剂的连接器具，如图6-26所示。室内消防给水系统设置消防水泵接合器的目的是能充分利用建筑物内已经建成的灭火设施来扑救火灾，不必敷设水龙带，节省大量时间，提高灭火效率。

图6-26 水泵接合器

变电站内存在以下情况之一时室内消防给水系统需设置水泵接合器：①超过 2 层或建筑面积大于 10000m² 的地下或半地下建筑（室）；②超过 4 层的多层工业建筑；③设置在室内的水喷雾灭火系统、泡沫喷雾灭火系统等。

[《建筑防火通用规范》（GB 55037—2022）8.1.12]

每种水基灭火系统的消防水泵接合器设置的数量应按系统设计流量（每个消防水泵接合器的给水流量为 10~15L/s）经计算确定，但当计算数量超过 3 个时，消防车的停放场地可能存在困难，可根据具体情况适当减少。水泵接合器需设置在室外便于消防车使用的地点，且距室外消火栓或消防水池的距离不宜小于 15m，不宜大于 40m。水泵接合器处需设置永久性标志铭牌，并标明供水系统、供水范围和额定压力。

[《消防给水及消火栓系统技术规范》（GB 50974—2014）5.4.3、5.4.7、5.4.9]

6.5 消火栓系统

变电站内消火栓给水系统包括室外消火栓系统、室内消火栓系统。

6.5.1 系统组成

室外、室内消火栓系统由供水设施、消火栓、配水管网、阀门等组成，如图 6-27 和图 6-28 所示。

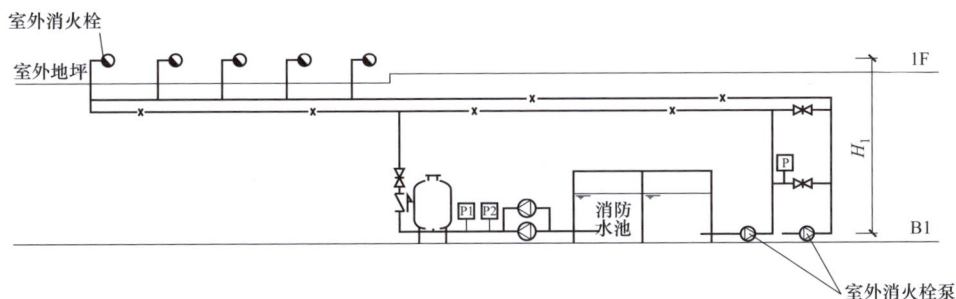

图 6-27　室外消火栓系统组成图

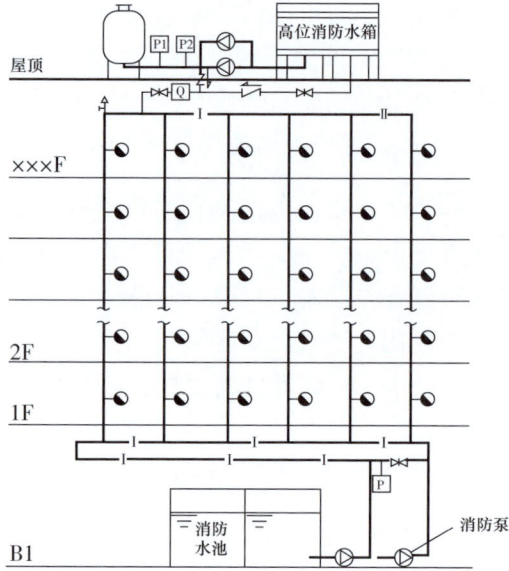

(a) 稳压装置置于屋顶

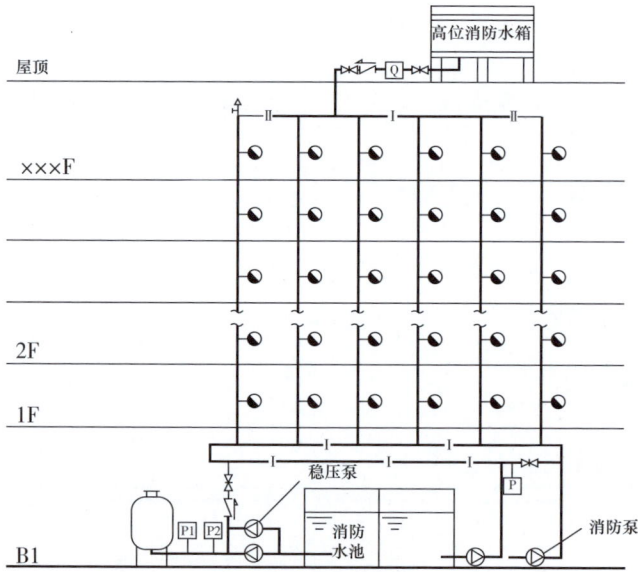

(b) 稳压装置置于泵房

图6-28　室内消火栓系统组成图

6.5.2　室外消火栓

　　室外消火栓是设置在站区室外消防给水管网上的供水设施，主要供消防车从室外消防给水管网取水实施灭火，也可直接连接水带、水枪出水灭火，是扑救火灾的重要消防设施之一。

室外消火栓一般由栓体、法兰接管、泄水装置、内置出水阀和弯管底座等组成，如图 6-29 所示。

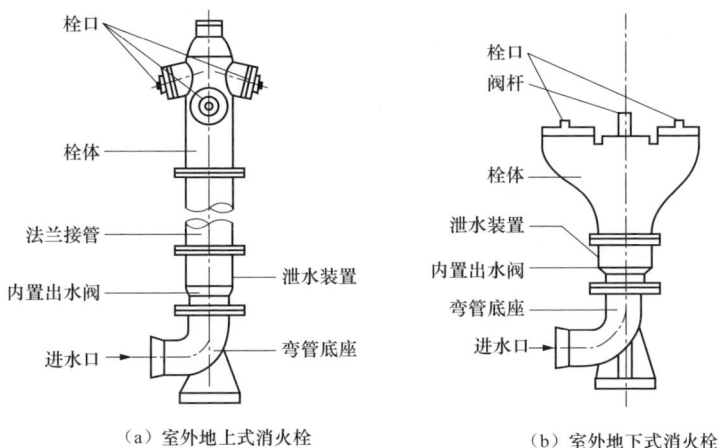

（a）室外地上式消火栓　　　　（b）室外地下式消火栓

图 6-29　室外消火栓组成图

变电站采用地上式室外消火栓（代号 SS）时，消火栓应有一个直径为 150mm 或 100mm 的栓口和两个直径为 65mm 的栓口；采用地下式消火栓（代号 SA）时，消火栓应各有一个直径为 100mm 和 65mm 的栓口，地下式室外消火栓井的直径不宜小于 1.50m。

［《消防给水及消火栓系统技术规范》（GB 50974—2014）7.2.1、7.2.2］

室外消火栓技术要求需满足《室外消火栓》（GB 4452—2011）的相关规定，室外消火栓应配置消防水带和消防水枪，带电设施附近的室外消火栓应配备直流喷雾两用水枪。

［《变电站和换流站给水排水设计规程》（DL/T 5143—2018）4.3.4］

室外消火栓的布置应满足《消防给水及消火栓系统技术规范》（GB 50974—2014）7.3 的要求。用于保护油浸变压器、油浸电抗器等构筑物时，室外消火栓布置还应满足：①布置间距不应大于 60m；②室外消火栓的充实水柱无法完全覆盖时，宜在适当部位设置室外固定消防炮。

［《消防给水及消火栓系统技术规范》（GB 50974—2014）7.3.7、7.3.8］

室外消火栓数量，应分别按室外消火栓设计流量和布置最大间距计算确定，取较大值。以室外消火栓设计流量计算确定时，一个室外消火栓的出流量按 10~15L/s 考虑，室外消火栓的数量等于室外消火栓设计流量与一个室外消火栓出流量的比值；以布置最大间距确定时，在站区布置室外消火栓，保证建筑物室外消火栓的布置间距不大于 120m，油浸变压器、油浸电抗器等构筑物的室外消火栓布置间距不大于 60m，从而确定室外消火栓的数量。

临时高压消防给水系统中的室外消火栓配置直流喷雾水枪时，考虑到室外消火栓不接至消防车而直接连接水带、水枪灭火，临时高压消防给水系统水压需满足直流喷雾水枪 0.60MPa 的额定喷射压力。

[《消防水枪》（GB 8181—2005）5.1.1.3]

6.5.3　室内消火栓

室内消火栓是建筑物室内管网向火场供水的、带有阀门和接口的固定消防设施，通常安装在消火栓箱内，与消防水带、水枪等器材配套使用。

室内消火栓箱内配置消火栓、消防软管卷盘或轻便消防水龙、水枪、水带、喷雾喷枪、快速接口、快速接头、阀门、管套、消防按钮等，如图 6-30所示。

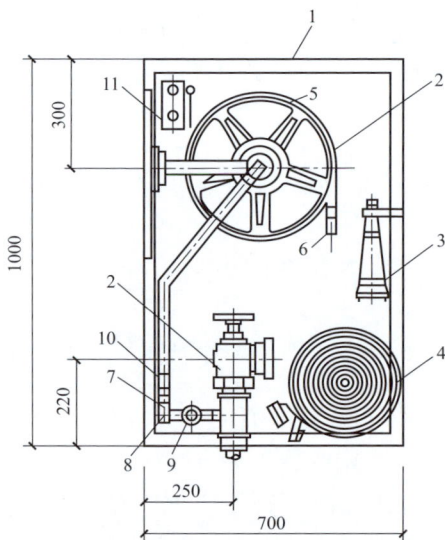

图 6-30　室内消火栓组成图（单位：mm）

1—消火栓箱；2—消火栓；3—水枪；4—水带；5—消防软管卷盘；6—直流喷雾喷枪；
7—快速接口；8—快速接头；9—阀门；10—管套；11—消防按钮

变电站内一般配置带消防软管卷盘消火栓箱，消火栓采用 DN65 室内消火栓，水枪采用喷雾水枪，当量喷嘴直径取 19mm，水带采用公称直径 65mm 有内衬里的消防水带，长度不宜超过 25m，消防软管卷盘配置内径不小于 $\phi 19$ 的消防软管（长度宜为 30m）和当量喷嘴直径 6mm 的水枪。

[《消防给水及消火栓系统技术规范》（GB 50974—2014）7.4.2]

室内消火栓的布置应先计算其保护半径，保证同一平面室内的任何部位在 2 支水枪的保护半径内，此外按直线行走距离室内消火栓的布置间距不应大于 30m，如图 6-31 所示。室内消火栓箱门的开启不应小于 120°，暗装的消火栓箱不应破坏隔墙的耐火性能。

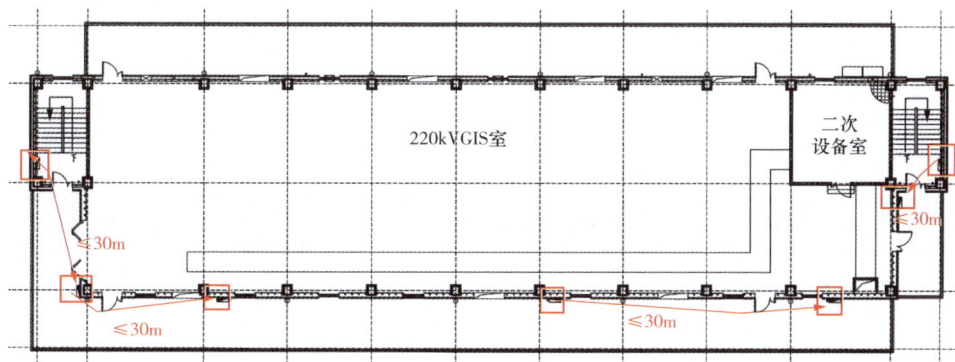

图 6-31　室内消火栓布置示意图（□内为室内消火栓）

[《消防给水及消火栓系统技术规范》（GB 50974—2014）7.4.6、7.4.10、12.3.10]

室内消火栓配置的喷雾水枪，其额定喷射压力为 0.60MPa，额定喷雾流量 5L/s 时喷雾射程大于等于 13.50m，系统压力需满足喷雾水枪额定喷射压力。当室内消火栓栓口压力大于由喷雾水枪额定喷射压力确定的栓口压力计算值，可通过在消火栓栓前采用减压孔板等方式减压。

[《消防水枪》（GB 8181—2005）5.1.1.2]

6.5.4　管网

消防管道是指用于消防方面，连接消防设备、器材和输送消防灭火用水、气体或者其他介质的管道材料。消防给水系统中采用的管材管件、阀门和配件等系统组件的产品工作压力等级，应大于消防给水系统的系统工作压力，且应保证系统在可能最大运行压力时安全可靠。

[《消防给水及消火栓系统技术规范》（GB 50974—2014）8.2.1]

变电站内室内外消防给水系统一般布置环状管网，当采用一路消防供水时室外消防给水系统可采用枝状管网，当室外消火栓设计流量不大于20L/s且室内消火栓不超过 10 个时，室内消防给水系统可考虑布置成枝状。消火栓系统与水喷雾灭火系统等固定灭火系统合用消防水泵时，供水管路沿水流方向应在报警阀前分开设置。

[《消防给水及消火栓系统技术规范》（GB 50974—2014）8.1.4、8.1.5]

埋地管道可采用球墨铸铁管、钢丝网骨架塑料复合管和加强防腐的钢管等管材。不同系统工作压力下埋地管道管材可按表 6-5 选用，连接方式可按表 6-6 选用，地震烈度在 7 度及 7 度以上时宜采用柔性连接的金属管道或钢丝网骨架塑料复合管等。

表 6-5　　　　不同系统工作压力下埋地管道管材的选用

系统工作压力 p	埋地管道选用的管材
$p \leqslant 1.20$MPa	球墨铸铁管或钢丝网骨架塑料复合管
1.20MPa $< p \leqslant$ 1.60MPa	钢丝网骨架塑料复合管、加厚钢管和无缝钢管
$p >$ 1.60MPa	无缝钢管

表 6-6　　　　不同材质的埋地钢管对应的连接方式

埋地管道管材	连接方式
球墨铸铁管	承插连接
钢丝网骨架塑料复合管	电熔连接
焊接钢管、无缝钢管	（1）沟槽连接件连接：公称直径小于等于 DN250 的沟槽式管接头系统工作压力不应大于 2.50MPa，公称直径大于或等于 DN300 的沟槽式管接头系统工作压力不应大于 1.60MPa。 （2）法兰连接：热浸镀锌钢管采用法兰连接时应选用螺纹法兰，当必须焊接连接时，法兰焊接应符合《现场设备、工业管道焊接工程施工规范》（GB 50236—2011）和《工业金属管道工程施工规范》（GB 50235—2010）的有关规定

[《消防给水及消火栓系统技术规范》（GB 50974—2014）8.2.4、8.2.5、12.3.17]

变电站埋地管道设计时需根据地质条件、系统工作压力、荷载等因素选择合适的管材，并进行管道结构设计计算，确定管道压力等级、地基处理方式及抗浮处理措施、防腐措施等。钢丝网骨架塑料复合管和无缝钢管的选用及地基处理方式、管道基础如表 6-7 所示。

表 6-7　钢丝网骨架塑料复合管和无缝钢管的选用及地基处理、管道基础

项目	管道材质	
	钢丝网骨架塑料复合管	无缝钢管
连接方式	电熔连接	焊接连接、法兰焊接
管道压力等级	2.00MPa	1.60MPa
地基处理方式与管道基础	（1）地基承载力特征值 $f_{ak} < 55$kPa 时：换填垫层或采用砂桩、搅拌桩等复合地基处理达到规定的地基承载能力后再铺设厚度不小于 150mm 中、粗砂基础层。 （2）地基承载力特征值 55kPa $\leq f_{ak} < 80$kPa 或槽底处在地下水位之下时：铺设厚度不小于 200mm 砂砾基础层，也可分两层铺设，下层用粒径为 5~40mm 的碎石，上层铺设厚度不小于 50mm 中、粗砂。 （3）地基承载力特征值 $f_{ak} \geq 80$kPa 时：在管底以下原状土地基上铺设厚度不小于 150mm 中、粗砂基础层。 （4）当沟槽底为岩石或坚硬物体时，铺设厚度不小于 150mm 中、粗砂基础层。 （5）当地下水位较高、流动性较大的场地内遇管道周围土体可能发生细颗粒土流失的情况时，应沿沟槽底部和两侧边坡上铺设土工布加以保护，土工布单位面积质量不宜小于 250g/m²。 （6）在同一敷设区段内，当地基刚度相差较大时，应采用换填垫层或其他措施减少沉降，垫层厚度根据场地条件确定，且不应小于 300mm	

室内外架空管道应采用热浸锌镀锌钢管等金属管材，不应采用钢丝网骨架塑料复合管等非金属管道。不同系统工作压力下架空管道的钢管类型可按表 6-8 选用，不同管径的架空管道其连接方式可按表 6-9 选用，架空管道管道的连接宜采用沟槽连接件（卡箍）螺纹、法兰、卡压等方式，当安装空间较小时采用沟槽连接件连接。

表 6-8   不同系统工作压力下架空管道管材的选用

系统工作压力 p	架空管道选用的管材
$p \leqslant 1.20\text{MPa}$	热浸锌镀锌焊接钢管
$1.20\text{MPa} < p \leqslant 1.60\text{MPa}$	热浸镀锌加厚钢管或热浸镀锌无缝钢管
$p > 1.60\text{MPa}$	热浸镀锌无缝钢管

表 6-9   不同管径的架空管道连接方式的选用

管径 D	架空管道选用的连接方式
$D \leqslant \text{DN50}$	螺纹连接、卡压连接等
$D > \text{DN50}$	沟槽连接件连接、法兰连接等

[《消防给水及消火栓系统技术规范》（GB 50974—2014）8.2.4、8.2.8、8.2.9、12.3.8]

直径不小于 DN65 的管道应设置抗震支吊架，抗震支吊架设计应满足《建筑机电工程抗震设计规范》（GB 50981—2014）的相关规定，抗震支吊架产品应满足《建筑机电设备抗震支吊架通用技术条件》（CJ/T 476—2015）的相关规定，管段设置抗震支架与防晃支架重合时，可只设抗震支承。地震烈度在 7 度及 7 度以上时，架空管道保护应满足《消防给水及消火栓系统技术规范》（GB 50974—2014）12.3.23 的要求。

[《建筑机电工程抗震设计规范》（GB 50981—2014）4.1.2]

管网布置时可适当增加管网中阀门（室外配套阀门井或套筒）的数量，方便检修时关断查找并保证阀门关断时站区任何部位仍能有灭火设施保护。消防给水系统管道的最高点处需设置自动排气阀保证积气排出。

[《消防给水及消火栓系统技术规范》（GB 50974—2014）8.3.2]

消防软管卷盘、轻便消防水龙等由生活给水管网直接供水时，容易发生虹吸回流，可能将积存于灭火装置管路上的污秽水倒吸入生活给水管网，需采取真空破坏器等防回流措施。

[《建筑给水排水与节水通用规范》（GB 55020—2021）3.2.11]

6.5.5 消防水泵房

变电站内消防水池与泵房的组合形式根据选用的消防水泵类型确定。当消防水泵选用离心泵时，消防水泵房贴邻水池布置，如图 6-32 所示；当消防水泵选用轴流深井泵时，消防水泵房布置在水池上方，如图 6-33 所示。

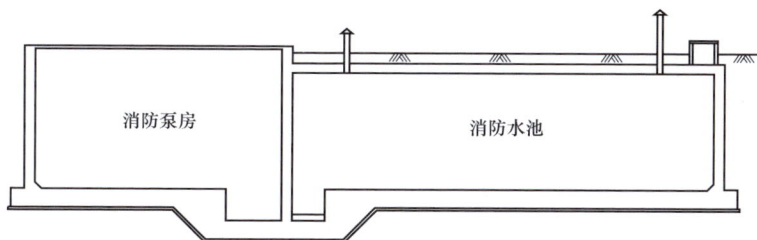

图 6-32　消防水泵房贴邻消防水池布置的组合形式

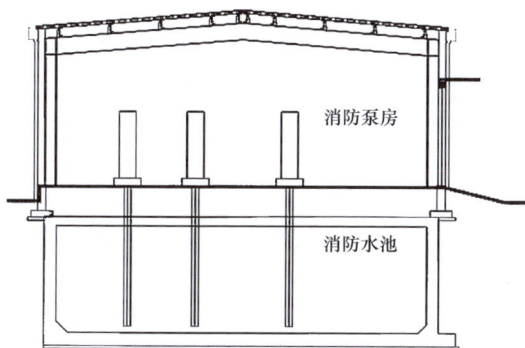

图 6-33　消防水泵房置于消防水池上方的组合形式

消防水泵房的平面尺寸需根据泵组及管网布置间距、泵组检修要求、人员通行要求等因素确定，泵房净高需根据通风采光要求、水泵及附属设施吊运要求等因素确定。采用固定吊钩或移动吊架时，泵房净高不应小于 3m；采用起重机时需保持吊起物底部与吊运所越过物体顶部之间有 0.50m 以上的净距，在该高度的基础上增加起重机安装和检修空间的高度。当采用轴流泵，确定的泵房高度过高时，可根据水泵传动轴长度产品规格选择较短规格的产品。

6.5.6　消防排水

消防水泵房、设有消防给水系统的地下室应采取消防排水措施，室内消防排水可排入室外雨水管道。当存有少量油时，排水管道应设置水封，如图 6-34 所示，并排入事故油池。

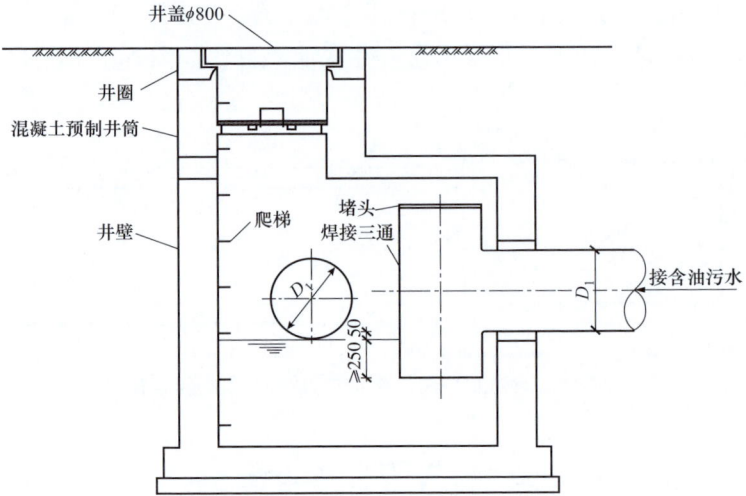

图 6-34　水封示意图

［《消防给水及消火栓系统技术规范》（GB 50974—2014）9.2.1、9.2.2］

第**7**章

灭火设施及
事故排油

变电站应同步设计灭火设施和事故排油，灭火设施部分考虑配置水喷雾灭火系统、细水雾灭火系统、泡沫喷雾灭火系统、排油注氮灭火系统等固定灭火系统和灭火器、消防砂箱等灭火器材，事故排油部分考虑排除全部油量和灭火设施的用水量，并设置油水分离设施。

7.1 固定灭火系统

固定灭火系统是由固定安装的灭火剂供应源、管路、喷放器件和控制装置组成的灭火系统。

变电站内配置固定灭火系统的对象包括：

（1）油浸变压器。单台容量为 125MVA 及以上的油浸变压器应设置固定灭火系统，选用的固定灭火系统包括水喷雾灭火系统、细水雾灭火系统、泵组式泡沫喷雾灭火系统、泵组式泡沫—水喷雾灭火系统、气体灭火系统、排油注氮灭火系统等。

固定灭火系统类型选用原则如下：

1）目前油浸变压器大多选用水喷雾灭火系统，水喷雾灭火系统持续灭火能力强，站区需考虑设置消防水池及泵房的场地；

2）考虑到消防排水、排油问题，户内油浸变压器（包括地下变电站的油浸变压器）可选用细水雾灭火系统、气体灭火系统；

3）在改、扩建站中无法满足水池及泵房的用地需求时，户外油浸变压器也可选用泵组式泡沫喷雾灭火系统、泵组式泡沫—水喷雾灭火系统、排油注氮灭火系统；

4）变电站所在地区缺水时，可考虑选用泵组式泡沫喷雾灭火系统、气体灭火系统、排油注氮灭火系统。

（2）油浸电抗器。高压油浸电抗器的容量很大、含油量较多，发生火灾的性质与油浸变压器类似，因此单台容量为 200Mvar 及以上的油浸电抗器应设置固定灭火系统。油浸电抗器采用的固定灭火系统与油浸变压器类似，可同步设计。

（3）电缆。变电站内电缆层可选择设置水喷雾灭火系统、细水雾灭火系统、水喷淋灭火系统、气体灭火系统、干粉灭火装置保护，电缆竖井可选择设置细水雾灭火系统、自动喷水灭火系统、干粉灭火装置保护。

7.1.1　水喷雾灭火系统

1. 系统组成

水喷雾灭火系统由消防水源、供水设备、管道、雨淋报警阀组、过滤器、水雾喷头、水泵接合器等组成，如图 7-1 所示。

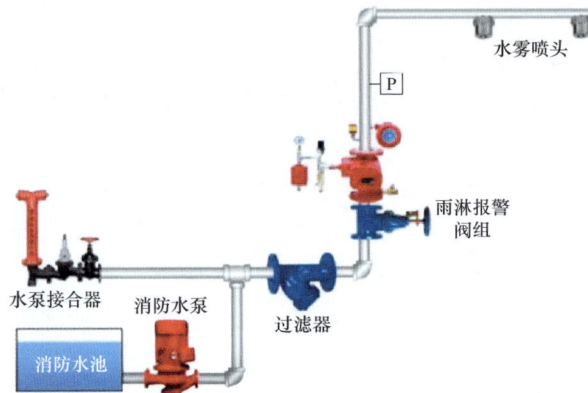

图 7-1　水喷雾灭火系统组成示意图

2. 设计参数

变电站内保护油浸变压器、电缆的水喷雾灭火系统其设计参数按照表 7-1 执行，保护油浸电抗器的水喷雾灭火系统其设计参数参照油浸变压器执行。

表 7-1　　　　　　　　水喷雾灭火系统设计参数

防护目的	灭火		
保护对象	油浸变压器	集油坑	电缆
供给强度 [L/（min·m²）]	≥ 20	≥ 6	≥ 13
持续供给时间（h）	≥ 0.4		
响应时间（s）	≤ 60		
水雾喷头工作压力（MPa）	≥ 0.35		
水雾喷头类型	离心雾化型喷头		

续表

保护面积	扣除底面面积的变压器外表面面积、散热器的外表面面积、储油柜和集油坑的投影面积	按整体包容电缆的最小规则形体的外表面面积

[《水喷雾灭火系统技术规范》（GB 50219—2014）3.1.2]

3. 供水设施

水喷雾灭火系统采用临时高压消防给水系统，系统配置消防水泵作为加压给水设备，配置消防气压给水设备为雨淋报警阀保压用，当水喷雾灭火系统设置在室内时在室外配置水泵接合器，用于消防水泵无法使用时利用消防车或机动泵向室内水喷雾灭火系统输送消防用水。

水喷雾灭火系统用消防水泵一般设置 2 台（1 用 1 备）或 3 台（2 用 1 备），布置于泵房内。消防气压给水设备设置 2 台稳压泵、1 座气压罐，设置于泵房内或屋顶，气压给水设备出水管上设置止回阀，四周设置宽度不小于 0.70m 的检修通道。水喷雾灭火系统用于保护户外油浸变压器、户外油浸电抗器时可不设置水泵接合器。

[《水喷雾灭火系统技术规范》（GB 50219—2014）5.1.6]

4. 雨淋报警阀组

雨淋报警阀组由雨淋阀、电磁阀、闸阀、水力警铃、放水阀、压力开关和压力表等部件组成，如图 7-2 所示。每个保护对象或每个防护区对应设置一个雨淋报警阀组，从雨淋报警阀组供水至保护对象或防护区处。

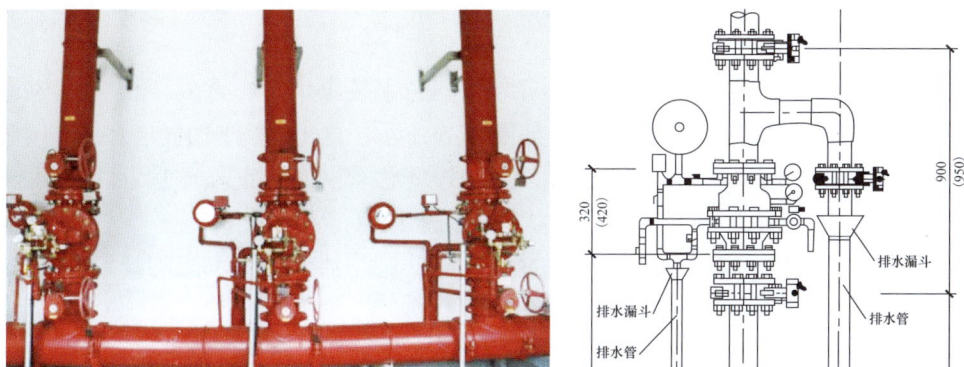

图 7-2 雨淋报警阀组

考虑到响应时间要求和便于人员操作，雨淋报警阀组布置在保护对象附近，并单独设置于雨淋阀室或与消防水泵合用消防水泵房，阀组附近设置就地控制箱，如图7-3所示。雨淋报警阀组处水力警铃设置在公共通道或值班室附近的外墙上，便于其发出的警报能及时被人员发现；阀组处手动快开阀是现场紧急开启雨淋阀的装置，为防止平时误操作导致雨淋阀误动作，可在手动快开阀处设置保护装置和明显标识，如图7-4所示。

图7-3　雨淋报警阀组就地控制箱

手动快开阀保护盒

图7-4　手动快开阀保护盒

[《水喷雾灭火系统技术规范》（GB 50219—2014）5.3.2、5.3.5]

油浸变压器、油浸电抗器等设备运行时水喷雾灭火系统无法随时进行喷水试验，需在雨淋报警阀组后的供水干管上设置排放试验检测装置，设置场所需设排水设施。

[《水喷雾灭火系统技术规范》（GB 50219—2014）5.3.4]

5. 管网

雨淋报警阀组设置于消防水泵房时，消防水泵出水管布置成环状，雨淋报警阀组供水管从此环状网上引接，如图7-5所示；雨淋报警阀组单独设置于雨淋阀室时，消防水泵的两根出水管接至室外环状管网，从室外环状管网上引接两根供水管接至雨淋阀室内形成环状管网，如图7-6所示。

雨淋报警阀组前的管道上需设置可冲洗的过滤器，保证水流的畅通和防止水雾喷头发生堵塞。

[《水喷雾灭火系统技术规范》（GB 50219—2014）4.0.5]

过滤器与雨淋阀之间及雨淋阀后的管道通常采用内外热浸镀锌钢管（管道

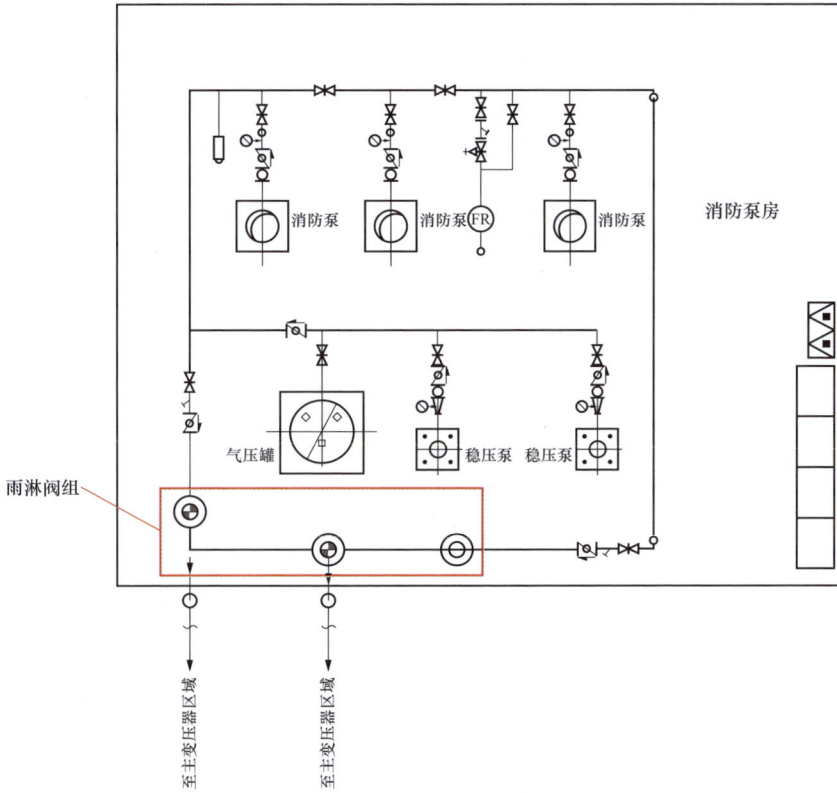

图 7-5　雨淋报警阀设置于泵房时雨淋报警阀组供水管网布置示意图

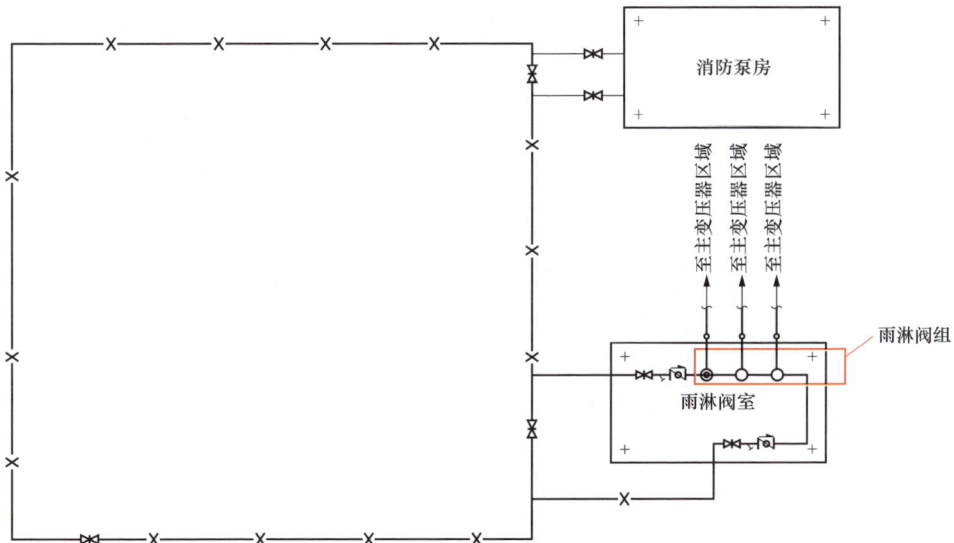

图 7-6　雨淋报警阀单独设置时雨淋报警阀组供水管网布置示意图

公称直径不小于 25mm ），需要进行弯管加工的管道采用无缝钢管，管道工作压力不应大于 1.60MPa；系统管道公称直径大于 DN50 时管道采用沟槽连接或法兰连接，管道公称直径不大于 DN50 时管道采用丝扣连接。

[《水喷雾灭火系统技术规范》（ GB 50219—2014 ）4.0.5、4.0.6]

在管道的低处设置放水阀，管道以一定的坡度坡向放水阀敷设，如图 7-7 所示，在系统喷放后将积水排尽。

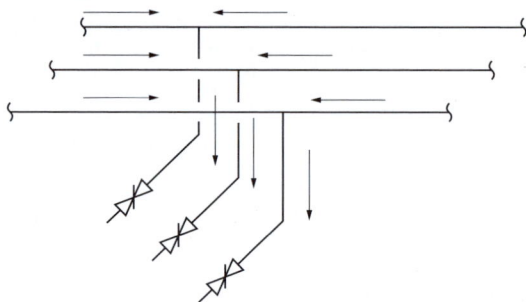

图 7-7　放水阀处管网敷设系统图

[《水喷雾灭火系统技术规范》（ GB 50219—2014 ）4.0.6]

管网安装完毕应通过水压试验，试压合格后，采用清水冲洗，地上管道在试压、冲洗合格后再进行涂漆防腐。

6. 喷头

水雾喷头的类型有离心雾化型喷头和撞击雾化型喷头，电气设备所用水雾喷头应选用离心雾化型水雾喷头，如图 7-8 所示。离心雾化型水雾喷头喷射出的雾状水滴较小（ $D_{v0.90} < 1000\mu m$ ），雾化程度高，具有良好的电绝缘性。

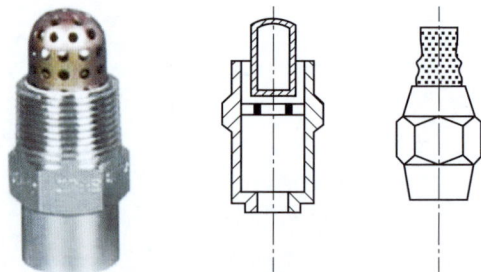

图 7-8　离心雾化型水雾喷头

[《消防设施通用规范》（ GB 55036—2022 ）6.0.5]

离心雾化型水雾喷头应带柱状过滤网，室内粉尘场所设置的水雾喷头应带防尘帽，室外设置的水雾喷头宜带防尘帽，防尘帽在水压作用下打开或脱落，不应影响水雾喷头的正常工作。

[《水喷雾灭火系统技术规范》（GB 50219—2014）4.0.2]

变压器本体、绝缘子升高座孔口、储油柜、散热器、集油坑等部位均应设水雾喷头保护，不同部位选择不同流量系数的喷头，根据变压器不同部位（本体、散热器、储油柜、集油坑等）的保护面积、不同部位喷头的流量系数及表7-1中不同部位所需供给强度要求，计算出变压器不同部位所需喷头的数量，在布置喷头时喷头的布置数量不应少于计算数量。

[《水喷雾灭火系统技术规范》（GB 50219—2014）3.2.5]

喷头具体布置时需计算水雾锥底圆半径，通过调整管网上喷头与被保护部位的距离、喷头雾化角来调整水雾锥底圆半径，结合调整管网设置高度，使得水雾喷头之间的水平距离与垂直距离都满足水雾锥相交的要求，保护电缆时喷头布置应使水雾完全包围电缆。需要特别注意的是，水雾喷头用于保护电气设备，水雾喷头与电气设备之间的距离应满足最小带电安全距离，且不得大于喷头本身的有效射程。

[《消防设施通用规范》（GB 55036—2022）6.0.5]

喷头和环网一般由钢支架固定。钢支架需要满足安装牢固，耐久性高的要求。考虑到主变压器在运行过程中会产生微小振动，在长时间运行下容易发生管网漏水的隐患，建议有条件尽量与主变压器本体脱开设计，如图7-9所示。

图 7-9 钢支架尽量与主变压器主体脱开设计

7. 系统控制方式

水喷雾灭火系统的控制方式包括自动控制、手动控制（含远方手动控制）、机械应急启动。自动控制是灭火系统的火灾探测报警部分与灭火执行部件自动联锁操作的控制方式，启动逻辑判据为两路火灾探测器报警且主变压器各侧（或进电侧）断路器跳闸；手动控制是在火灾报警控制屏上手动启动灭火系统，启动逻辑判据为人工确认火灾且主变压器各侧（或进电侧）断路器跳闸，当远程视频发现火灾时也可人工远程确认主变压器断电，经授权操作监控后台中的启动按钮，远方直接启动灭火系统；机械应急启动是当自动、手动启动方式失效时，运维人员到达现场，在雨淋阀室、消防水泵房内进行手动机械操作，启动灭火系统。

7.1.2 细水雾灭火系统

1. 系统组成

细水雾灭火系统由消防水源、供水装置、分区控制阀、细水雾喷头、供水管道等组成，如图 7-10 所示。

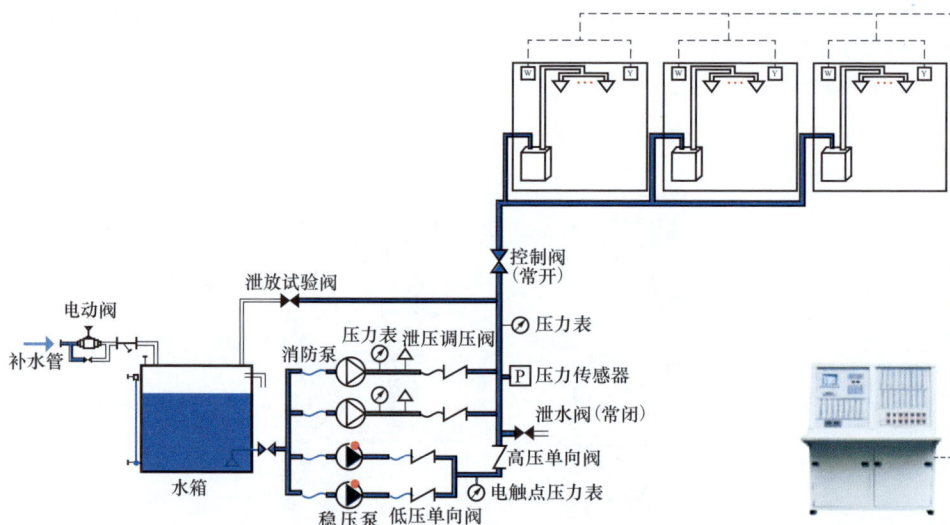

图 7-10 细水雾灭火系统组成示意图

2. 设计参数

变电站内保护油浸变压器、电缆的细水雾灭火系统其设计参数按照表 7-2

执行，保护油浸电抗器的细水雾灭火系统其设计参数参照油浸变压器执行。

表 7-2 细水雾灭火系统设计参数

保护对象	油浸变压器		电缆	
系统选型	局部应用方式的开式系统		全淹没应用方式的开式系统	
供水方式	泵组式		泵组式	
系统压力	中压（1.20MPa ≤ p < 3.50MPa）	高压（p ≥ 3.50MPa）	中压（1.20MPa ≤ p < 3.50MPa）	高压（p ≥ 3.50MPa）
持续喷雾时间（min）	≥ 20		≥ 30	
响应时间（s）	≤ 30		≤ 30	
保护面积	除扣除底面面积以外的变压器外表面面积、散热器外表面面积、储油柜和集油坑的投影面积		—	

[《细水雾灭火系统技术规范》（GB 50898—2013）3.1.3、3.4.7、3.4.8，《消防设施通用规范》（GB 55036—2022）6.0.7]

3. 供水设施

变电站内细水雾灭火系统通常采用泵组式的供水方式，系统压力采用高压（$p \geq 3.5$MPa）或中压（1.2MPa $\leq p <$ 3.5MPa），细水雾灭火系统泵组以实际需要的灭火流量、变电站安装条件确定泵组的型号和泵的台数，一般多台泵组合配置，如图 7-11 所示，泵组宜为柱塞式，如图 7-12 所示。泵组配套设置稳压泵，一用一备。

图 7-11 细水雾灭火系统泵组

167

图 7-12　柱塞泵

　　泵组宜安装在变电站独立的房间内，如无独立房间，在满足条件时也可安装在消防设备室等场所或新建小室安装在站区室外场地。泵组的布置需满足安装、操作检修空间需求，泵组在布置时宜在其四周留有 0.8~1.0m 的间距。泵组控制柜安装在泵组附近，不宜与泵组共架安装，防止泵组的震动影响柜内元件的工作，泵控柜操作距离不小于 1.0m。泵控柜上应能进行就地启停操作。

4. 分区控制阀

　　分区控制阀是接收系统控制盘的控制信号而开启，使细水雾喷头向对应的防护对象喷放细水雾实施灭火的控制阀。

　　分区控制阀箱内配置电动球阀、手动球阀、压力开关、泄放试验阀等部件，如图 7-13 所示，开式系统电动球阀平时常闭，火警发生后由 24V DC 电源驱动开启。

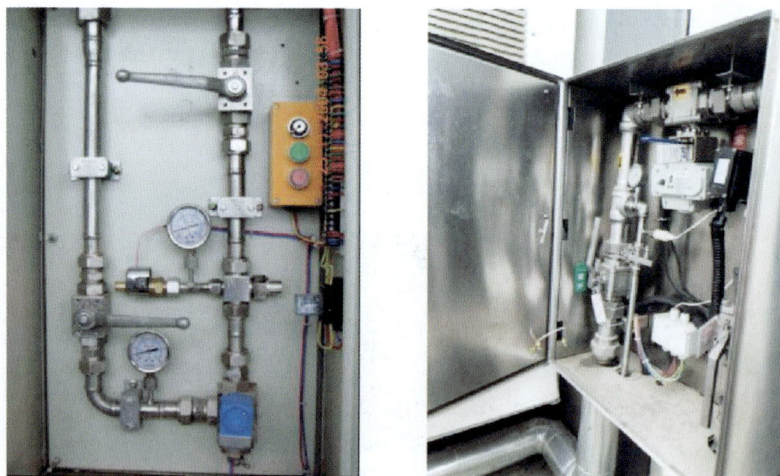

图 7-13　分区控制阀箱

开式系统按防护区设置分区控制阀箱，分区控制阀箱尽量靠近防护区，并在防护区外便于操作、检查和维护。考虑到电气设备带电运行，每个分区控制阀上或阀后邻近位置设置泄放试验阀，用于平时喷放试验。

[《细水雾灭火系统技术规范》（GB 50898—2013）3.3.2、3.3.4]

5. 管网

系统管道采用冷拔法制造的奥氏体不锈钢钢管，或其他耐腐蚀和耐压性能相当的金属管道。当系统最大工作压力 $p \geqslant 3.5$MPa 时，管材选用 S31603 奥氏体不锈钢无缝钢管，或其他耐腐蚀和耐压性能不低于 S31603 的金属管道。系统管道采用专用接头或法兰连接，也可采用氩弧焊焊接。

[《消防设施通用规范》（GB 55036—2022）6.0.3，《细水雾灭火系统技术规范》（GB 50898—2013）3.3.10、3.3.11]

系统管网的最低点处设置泄水阀，管道以一定坡度坡向泄水阀敷设。

[《细水雾灭火系统技术规范》（GB 50898—2013）3.3.7]

管网安装固定后，应进行冲洗，并通过压力试验，压力试验合格后采用压缩空气或氮气吹扫。

6. 喷头

变电站内喷头使用开式喷头或开式喷嘴，喷头由本体、微型喷嘴、导流装置和滤网等组成，如图 7-14 和图 7-15 所示。在压力水作用下，通过离心方式将射流水快速雾化，$D_{v0.50} < 200\mu m$，$D_{v0.99} < 400\mu m$。

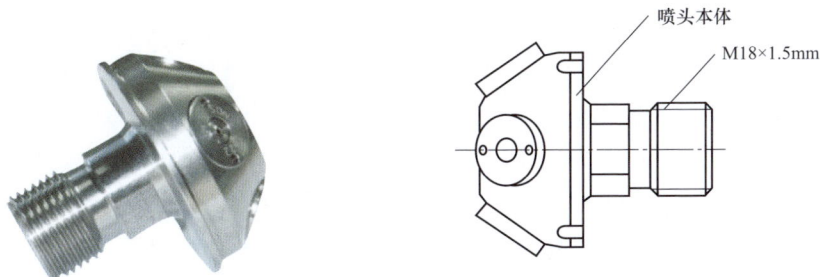

图 7-14　开式喷头

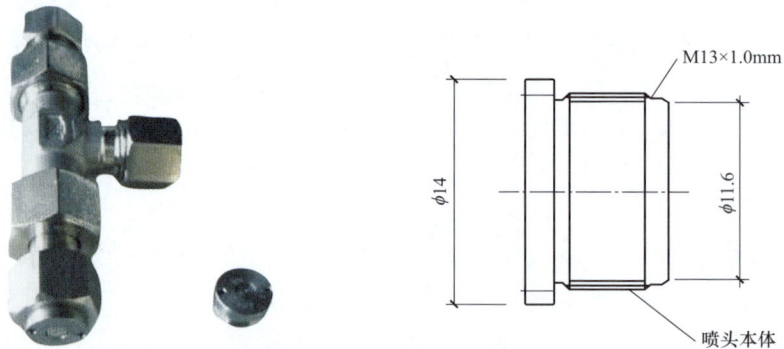

图 7-15　开式喷嘴

　　喷头布置应能保证细水雾完全包络或覆盖保护对象或部位。保护电缆时，喷头宜布置在电缆层上部并应能使细水雾完全覆盖整个电缆或电缆桥架。保护变压器时，喷头与保护对象的距离不宜小于 0.5m；当变压器高度超过 4m 时喷头宜分层布置；当散热器距变压器本体超过 0.7m 时，应在其间隙内增设喷头；喷头不应直接对准高压进线套管；当变压器下方设置集油坑时，喷头布置应能使细水雾完全覆盖集油坑。

　　[《消防设施通用规范》（GB 55036—2022）6.0.6，《细水雾灭火系统技术规范》（GB 50898—2013）3.2.3、3.2.4]

　　喷头用于保护电气设备，喷头与电气设备之间的距离应满足最小带电安全距离，且不得大于喷头的最大安装高度。

7. 系统控制方式

　　细水雾灭火系统的控制方式包括自动控制、手动控制（含远方手动控制）、机械应急启动。自动控制是灭火系统的火灾探测报警部分与灭火执行部件自动联锁操作的控制方式，启动逻辑判据为两路火灾探测器报警且主变压器各侧（或进电侧）断路器跳闸；手动控制是在火灾报警控制屏上手动启动灭火系统，启动逻辑判据为人工确认火灾且主变压器各侧（或进电侧）断路器跳闸，当远程视频发现火灾时也可人工远程确认主变压器断电，经授权操作监控后台中的启动按钮，远方直接启动灭火系统；机械应急启动是当自动、手动启动方式失效时，运维人员到达现场，在分区控制阀箱处、消防水泵房内进行手动机械操作，启动灭火系统。

7.1.3　泵组式泡沫喷雾灭火系统（泵组式泡沫—水喷雾灭火系统）

1. 系统组成

　　泵组式泡沫喷雾灭火系统由消防水源、泡沫液箱（罐）、供水设施、泡沫供给装置、比例混合装置、分区控制阀、喷头及管网等组成，如图 7-16 所示，泵组式泡沫—水喷雾灭火系统的组成与泵组式泡沫喷雾灭火系统的组成类似。

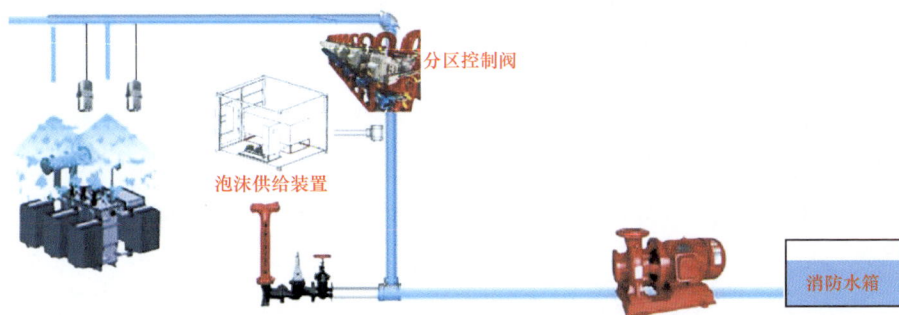

图 7-16　泵组式泡沫喷雾灭火系统（泵组式泡沫—水喷雾灭火系统）组成示意图

2. 设计参数

　　变电站内保护油浸变压器的泵组式泡沫喷雾灭火系统、泵组式泡沫—水喷雾灭火系统其设计参数按照表 7-3 执行，保护油浸电抗器的泵组式泡沫喷雾灭火系统、泵组式泡沫—水喷雾灭火系统其设计参数参照油浸变压器执行。

表 7-3　泵组式泡沫喷雾灭火系统、泵组式泡沫—水喷雾灭火系统设计参数

灭火系统	泵组式泡沫喷雾灭火系统	泵组式泡沫—水喷雾灭火系统		
保护对象	油浸变压器及集油坑	油浸变压器顶部、储油柜部位	油浸变压器侧面	集油坑
喷头布置方式	平面保护	立体全包络，异形部位重点保护		
供给强度 [L/（min·m²）]	≥ 8	≥ 16	≥ 5	≥ 8
持续供给时间（min）	≥ 30	泡沫喷放（≥ 30）+ 水喷雾喷放（≥ 30）		

续表

响应时间（s）	≤ 60	≤ 60
水雾喷头工作压力（MPa）	≥ 0.35	≥ 0.50
水雾喷头类型	离心雾化型喷头	离心雾化型喷头
保护面积	变压器油箱的水平投影且四周外延 1m	扣除底面面积的变压器外表面面积、储油柜和集油坑的投影面积

［《泡沫灭火系统技术标准》（GB 50151—2021）6.4.3、6.4.7，《油浸式变压器泡沫—水喷雾灭火系统技术规范》（T/CEC 5065—2021）3.1.2］

3. 泡沫液及泡沫液箱（罐）

泡沫液选用 3% 型水成膜泡沫灭火剂，抗烧水平不低于 C 级。泡沫灭火剂应符合《泡沫灭火剂》（GB 15308—2006）的相关规定，使用有效期不得低于 8 年。

［《消防设施通用规范》（GB 55036—2022）5.0.2，《泡沫灭火系统技术标准》（GB 50151—2021）6.4.2］

泡沫液箱（罐）（见图 7-17）应采用耐腐蚀材料制作，且与泡沫液直接接触的内壁或衬里不得对泡沫液的性能产生不利影响，泡沫液箱（罐）宜安装在专用设备间内。

图 7-17　泡沫液罐

［《泡沫灭火系统技术标准》（GB 50151—2021）3.5.1］

4. 供给装置

系统需配置消防泵组供给水、泡沫，如图 7-18 所示，消防泵组可与泡沫液箱（罐）合用专用设备间或集成于预制舱内布置在站区场地内。

图 7-18　消防泵组

5. 比例混合装置

系统的比例混合装置通常选用平衡式、机械泵入式，布置在泡沫液箱（罐）、泡沫液泵附近。

平衡式比例混合装置（见图 7-19）是由单独的泡沫液泵按设定的压差向压力水流中注入泡沫液，并通过平衡阀、孔板或文丘里管，能在一定的水流压力和流量范围内自动控制混合比的比例混合装置。平衡式比例混合装置通常配置平衡阀，当管道内各部分存在较大的压力差或流量差时，平衡阀可通过调节或分流的方法减小或平衡差值，平衡阀的动态平衡可为系统控制较为精确的混合比。

图 7-19　平衡式比例混合装置

机械泵入式比例混合装置（见图 7-20）由水轮机、泡沫柱塞泵、联轴器、阀门、管路系统等组成，装置工作时水流经过水轮机，水压驱动水轮机旋转，通过联轴器带动柱塞泵工作，柱塞泵吸入泡沫液并经过加压注入水轮机出口，水与泡沫液的配比通过水轮机和柱塞泵的容积固定。

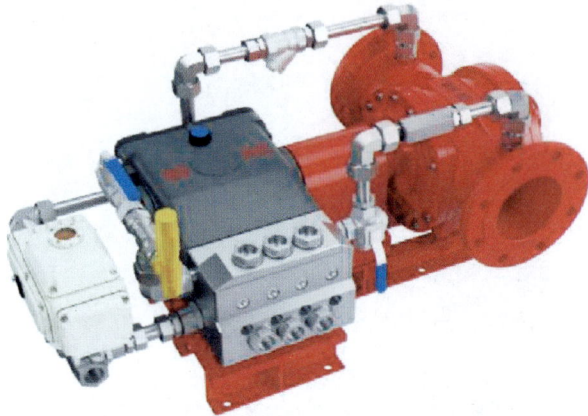

图 7-20 机械泵入式比例混合装置

根据《泡沫灭火系统技术标准》（GB 50151—2021）3.4.1 的规定，保护油浸变压器的泡沫喷雾系统可选用囊式压力比例混合装置，但囊式压力比例混合装置所采用的橡胶胶囊，有一定寿命周期且可能存在漏液情况，需要定期更换。

6. 分区控制阀

变压器按台（分体变压器按相）设置防护区，每个防护区均设置对应的分区控制阀，如图 7-21 所示。系统分区控制阀宜靠近防护区设置，设置位置便于操作、检查和维护，并在明显位置设置对应防护区的永久性标识，标明水流方向。分区控制阀应具有接收控制信号实现启动、反馈阀门启闭或故障信号的功能，当分区控制阀上无系统动作信号反馈装置时，应在分区控制阀后的配水干管上设置系统动作信号反馈装置。

［《油浸式变压器泡沫—水喷雾灭火系统技术规范》（T/CEC 5065—2021）3.4.8 ］

考虑到电气设备带电运行，每个分区控制阀上或阀后邻近位置设置泄放试验阀，用于平时喷放试验。

［《油浸式变压器泡沫—水喷雾灭火系统技术规范》（T/CEC 5065—2021）3.4.12 ］

图 7-21　分区控制阀

7. 管网

泡沫液管道及湿式管道选用不锈钢管，干式供液管道可选用热镀锌钢管。不锈钢管采用专用接头或法兰连接，也可采用氩弧焊焊接；热镀锌钢管管道公称直径大于 DN50 时采用沟槽连接或法兰连接，管道公称直径不大于 DN50 时采用丝扣连接。

[《泡沫灭火系统技术标准》（GB 50151—2021）6.4.9，《油浸式变压器泡沫—水喷雾灭火系统技术规范》（T/CEC 5065—2021）3.4.3]

系统管网的最低点处设置泄水阀，管道以一定坡度坡向泄水阀敷设，如图 7-7 所示，系统喷放后用泄水阀放空管网内积水。

[《油浸式变压器泡沫—水喷雾灭火系统技术规范》（T/CEC 5065—2021）3.4.12]

管网安装完毕后应通过水压试验，试压合格后，采用清水冲洗。

8. 喷头

系统采用离心雾化型水雾喷头。泵组式泡沫喷雾灭火系统按规范要求布置的喷头应使泡沫覆盖变压器油箱顶面，且每个变压器进出线绝缘套管升高座孔口应设置单独的喷头保护，有条件时喷头布置可考虑立体保护，即变压器顶面、储油柜、侧面及集油坑均设置喷头保护，喷头带过滤器，最不利点喷头的设计压力不小于 0.35MPa；泵组式泡沫—水喷雾灭火系统的喷头布置考虑立体保护，喷头带过滤器，最不利点喷头的设计压力不小于 0.50MPa。

［《泡沫灭火系统技术标准》（GB 50151—2021）6.4.3，《油浸式变压器泡沫—水喷雾灭火系统技术规范》（T/CEC 5065—2021）3.2.1、3.2.2］

9. 系统控制方式

泵组式泡沫喷雾灭火系统、泵组式泡沫—水喷雾灭火系统的控制方式包括自动控制、手动控制（含远方手动控制）、机械应急启动。自动控制是灭火系统的火灾探测报警部分与灭火执行部件自动联锁操作的控制方式，启动逻辑判据为两路火灾探测器报警且主变压器各侧（或进电侧）断路器跳闸；手动控制是在火灾报警控制屏上手动启动灭火系统，启动逻辑判据为人工确认火灾且主变压器各侧（或进电侧）断路器跳闸，当远程视频发现火灾时也可人工远程确认主变压器断电，经授权操作监控后台中的启动按钮，远方直接启动灭火系统；机械应急启动即当自动、手动启动方式失效时，运维人员到达现场，在分区控制阀处、消防水泵房或供给设备室（舱）内进行手动机械操作，启动灭火系统。

7.1.4 排油注氮灭火系统

排油注氮灭火系统由消防控制柜、消防柜、断流阀、火灾探测装置和排油管路、注氮管路等组成，如图 7-22 所示。排油注氮灭火系统由油浸变压器厂家配套设计，系统技术要求应符合《油浸变压器排油注氮装置技术规程》（CECS 187—2005）、《油浸变压器排油注氮灭火装置》（XF 835—2009）等标准的相关规定，可根据《防止电力生产事故的二十五项重点要求》（国能发安

图 7-22 排油注氮灭火系统实物图

全〔2023〕22 号）《变压器固定自动灭火系统完善化改造原则》等文件进行优化设计，保障可靠启动和运行安全。

7.2 灭火器材

7.2.1 灭火器

1. 火灾类别及危险等级

变电站内各建（构）筑物的火灾类别、火灾危险等级按表 7-4 执行。

表 7-4　　　　　　　变电站建（构）筑物火灾类别及危险等级

配置场所	火灾类别	危险等级
主控制室	E（A）	严重
通信机房	E（A）	中
配电装置楼（室）（有含油电气设备）	A、B、E	中
配电装置楼（室）（无含油电气设备）	E（A）	轻
继电器室	E（A）	中
油浸式变压器（室）	B、E	中
气体或干式变压器	E（A）	轻
油浸式电抗器（室）	B、E	中
干式铁芯电抗器（室）	E（A）	轻
电容器（室）（有可燃介质）	B、E	中
干式电容器（室）	E（A）	轻
蓄电池室	C	中
电缆夹层	E（A）	中
柴油发电机室及油箱	B	中
检修备品仓库（有含油设备）	B、E	中

续表

配置场所	火灾类别	危险等级
检修备品仓库（无含油设备）	A	轻
水处理室	A	轻
空冷器室	A	轻
生活、工业、消防水泵房（有柴油发动机）	B	中
生活、工业、消防水泵房（无柴油发动机）	A	轻
污水、雨水泵房	A	轻

［《火力发电厂与变电站设计防火标准》（GB 50229—2019）11.5.22］

2. 灭火器类型及选择

灭火器类型包括水型灭火器、磷酸铵盐干粉灭火器、碳酸氢钠干粉灭火器、泡沫灭火器、二氧化碳灭火器等，变电站内通常配置推车式或手提式磷酸铵盐干粉灭火器，如图 7-23 和图 7-24 所示。

图 7-23　手提式干粉灭火器

图 7-24　推车式干粉灭火器

3. 灭火器配置设计要求

灭火器配置设计可按图 7-25 所示的程序进行。

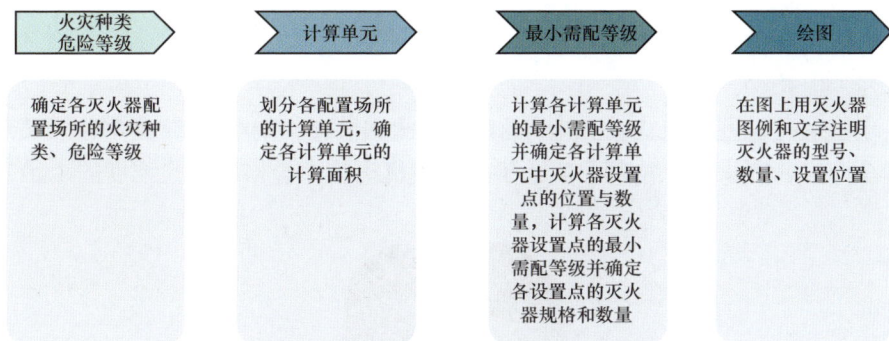

图 7-25 灭火器配置设计流程图

[《建筑灭火器配置设计规范》（GB 50140—2005）7.3.5]

建筑物内灭火器应设置在位置明显和便于取用的地点，且不应影响人员安全疏散，保护蓄电池的灭火器需布置在蓄电池外；考虑到使用推车式灭火器时需要进行取下喷粉枪、展开喷粉胶管等一系列操作，保护油浸变压器、油浸电抗器的推车式磷酸铵盐干粉灭火器距离油浸变压器、油浸电抗器 10m 以上，且油浸变压器、油浸电抗器需在推车式磷酸铵盐干粉灭火器的最大保护距离内。带电设备电压超过 1kV 且灭火时不能断电的场所不应使用灭火器带电扑救。

7.2.2 消防砂箱、砂桶

油浸变压器、油浸电抗器等处应设置消防砂箱或砂桶。

[《电力设备典型消防规程》（DL 5027—2015）14.3.5]

消防砂箱如图 7-26 所示，有效容积为 1m³，放置位置应与带电设备保持足够的安全距离，且与被保护对象的距离满足最大保护距离 30m 的要求，消防砂箱处配置消防铲，每处 3~5 把。消防砂桶规格一般为 25L，桶内应装满干燥黄砂。

图 7-26 消防砂箱

7.2.3 其他器材

电缆竖井设置悬挂式或壁挂式超细干粉灭火装置，如图 7-27 所示，灭火方式选择全淹没，灭火设计浓度不应小于经权威机构认证合格的灭火浓度的 1.20 倍。

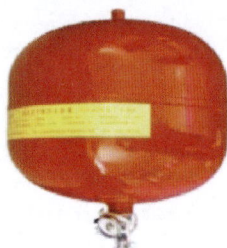

图 7-27　超细干粉灭火装置

［《干粉灭火装置技术规程》（CECS 322—2012）3.2.5］

超细干粉灭火装置宜采用贮压式，当采用全淹没灭火方式时超细干粉灭火装置在防护区内均匀分布。

［《干粉灭火装置技术规程》（CECS 322—2012）3.3.1］

超细干粉灭火剂应满足《超细干粉灭火剂》（XF 578—2023）的相关要求，超细干粉灭火装置应满足《干粉灭火装置》（XF 602—2013）的相关要求。超细干粉灭火装置的启动方式选择电启与温启联合的方式。

设置固定式气体灭火系统、超细干粉灭火装置的变电站应配置正压式消防空气呼吸器，如图 7-28 所示，数量宜按每座有气体灭火系统、超细干粉灭火

图 7-28　正压式消防空气呼吸器

装置的建筑物各设 2 套，可放置在保护区出入口外部或有人值班控制室内，正压式消防空气呼吸器应符合《正压式消防空气呼吸器》（XF 124—2013）的相关规定。地下变电站的主要出入口应至少配置 2 套正压式消防空气呼吸器和 4 只防毒面具。

[《电力设备典型消防规程》（DL 5027—2015）14.4.1、14.4.2]

7.3　事故排油

7.3.1　屋内油浸设备排油

对于屋内油浸设备，如油浸变压器、电容器等设备具有在事故时形成流淌火，进而蔓延至建筑其他区域的危险性，《建筑防火通用规范》（GB 55037—2022）4.1.6 规定：油浸变压器室、多油开关室、高压电容器室均应设置防止油品流散的设施。具体设计时，《火力发电厂与变电站设计防火标准》（GB 50229—2019）11.3.3 提出：屋内单台总油量为 100kg 以上的电气设备，应设置挡油设施及将事故油排至安全处的设施。而对于单台油量不超过 100kg 的设备，如 110kV、220kV 变电站的电容器组，可在设备下设置小型贮油沙坑以防事故油流散，如图 7-29 所示。

图 7-29　油浸设备下设置小型贮油沙坑

7.3.2 屋外油浸设备排油

考虑到屋外油浸设备露天布置，与建筑物和人员保持了一定的安全距离，危险性较之屋内油浸设备略低。因此，《火力发电厂与变电站设计防火标准》（GB 50229—2019）11.3.4 规定：单台总油量为 1000kg 以上的电气设备，应设置贮油或挡油设施。贮油池的容积宜按油量的 20% 设计，并能将事故油排至总事故贮油池。总事故贮油池的容量应按其接入的油量最大的一台设备确定，并设置油水分离装置。当不能满足上述要求时，应设置能容纳相应电气设备全部油量的贮油设施，并设置油水分离装置。

贮油池内应铺设卵石层，如图 7-30 所示，其厚度不应小于 250mm，卵石直径宜为 50~80mm。

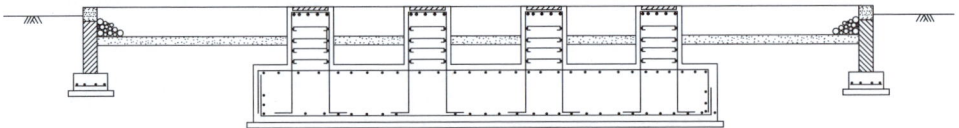

图 7-30　贮油池布置图

［《火力发电厂与变电站设计防火标准》（GB 50229—2019）6.7.9］

7.3.3 事故排油管及事故油池

事故排油管管径和坡度设计按 20min 将事故油排尽确定，当含油电气设备未设固定灭火系统时需同时考虑含油设备所在区域的雨水设计流量，当含油电气设备设有固定灭火系统时需同时考虑灭火系统流量。事故排油管网水力计算时按满流以事故排油流量、固定灭火系统流量、室外消火栓流量相加的总流量设计。

［《变电站和换流站给水排水设计规程》（DL/T 5143—2018）5.6.11］

事故油池的有效容量，应能容纳油量最大的一台设备的全部排油，可能积存雨水或在灭火时接受大量消防水的事故油池需设置油水分离装置。

［《火力发电厂与变电站设计防火标准》（GB 50229—2019）6.7.7、6.7.8］

火灾状态下，含油污水排至事故油池后，在事故油池内利用油和水的密度差进行油水分离，油上浮，水下沉，最终达到平衡状态，事故油池内油水平衡状态如图 7-31 所示，此平衡状态下贮油区容纳油量最大的一台设备的全部排油，由此确定 h_1 的值，假定 $h_2 = 500\text{mm}$，依据事故油池内隔墙两侧的液压相等，即 $\rho_{oil}h_1 + \rho_{water}h_2 = \rho_{water}h_3$，求得 h_3。平常状态下，事故油池内贮存一定高度的水，此高度不小于（$h_2 + h_3$）/3。

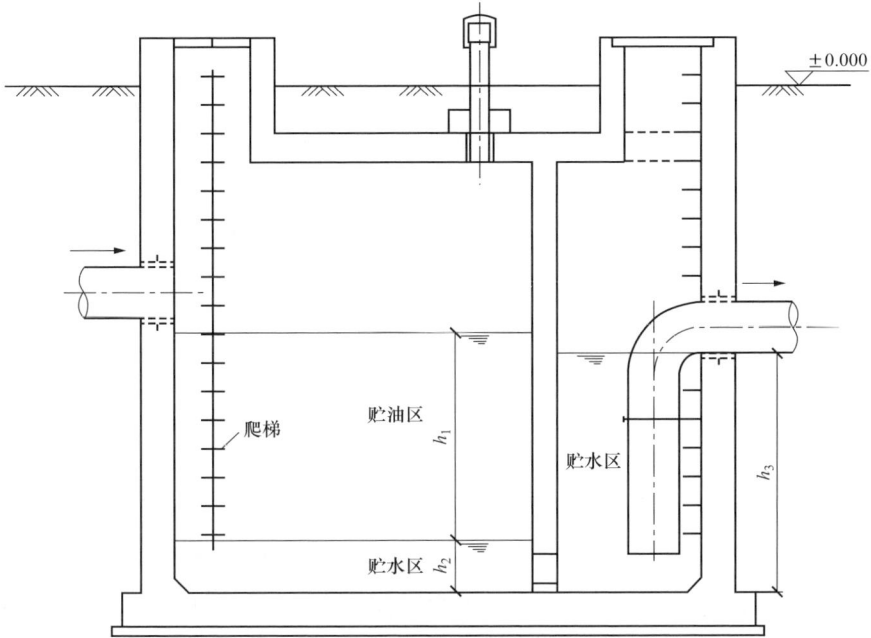

图 7-31 事故油池油水分离后的平衡状态示意图

第 8 章

火灾自动
报警系统

本章主要内容为变电站火灾自动报警系统设计要点。首先，对变电站火灾报警系统形式的选择给出推荐做法；然后分别介绍构成系统的各个子部件及其设置的一般规定；进而由点及面，阐述系统层面设计要点，包括控制器容量要求、探测器选择要求及系统联动要求；最后，补充介绍了三种常见的站内其他火灾预警系统。

8.1 概述

变电站火灾自动报警系统是一种设置在变电站内，用以实现火灾早期探测和报警，向各类消防设备以及智能辅助系统发出信号，进而实现预定消防功能的一种自动消防设施。

火灾自动报警系统一般分为区域报警系统、集中报警系统和控制中心报警系统。其中集中报警系统为目前变电站火灾报警系统设计中最常用的形式；控制中心报警系统适用于包含两个及两个以上集中报警系统的保护对象，在常规建设规模中的变电站极为少见；而区域报警系统一般适用于仅需要报警，不需要联动自动消防设备的保护对象，仅在早期变电站设计中采用，或适用于部分子母变电站的子站，因为子站依托于母站的消防联动控制系统，可仅采用区域报警系统进行设计。

《火力发电厂与变电站设计防火标准》（GB 50229—2019）11.5.25 规定了变电站内火灾探测报警系统的设置范围，根据变电站的火灾危险性、人员疏散和扑救难度，地下变电站、户内无人值班变电站对火灾探测报警系统设置要求比一般变电站高。变电站内设置火灾自动报警系统的具体场所和设备包括：

（1）控制室、配电装置室、可燃介质电容器室、二次设备室、通信机房；

（2）地下变电站、无人值班变电站的控制室、配电装置室、可燃介质电容器室、二次设备室、通信机房；

（3）采用自动灭火系统的油浸变压器、油浸电抗器；

（4）地下变电站的油浸变压器、油浸电抗器；

（5）敷设具有可延燃绝缘层和外护层电缆的电缆夹层及电缆竖井；

（6）地下变电站、户内无人值班的变电站的电缆夹层及电缆竖井。

同时《火力发电厂与变电站设计防火标准》（GB 50229—2019）11.5.5 规定油浸变压器当采用有防火墙隔离的分体式散热器时，布置在户外或半户外的分体式散热器可不设置火灾自动报警系统和自动灭火系统。

本章基于集中报警系统的火灾自动报警系统设计开展。采用集中报警系统的变电站火灾报警系统主要由火灾报警控制器（含联动控制器）、火灾探测器、手动报警按钮声光警报器、消防应急广播、消防专用电话、消防区域图形显示装置，消防模块以及相应的控制信号线等子部件组成，部分变电站还选配有气体灭火控制器、可燃气体探测系统、电气火灾监控系统、消防电源监控系统或者防火门监控系统等站内其他预警系统。火灾自动报警系统结构如图8-1所示（见文后插页）。

8.2 子部件选择及设置一般规定

8.2.1 火灾报警控制器

火灾报警控制器是火灾自动报警系统中的核心组成部分，用于接收、显示和传递火灾报警信号，并发出控制信号且具有其他辅助功能。火灾报警控制器为火灾探测器、手动报警按钮、消防模块等现场设备提供稳定的工作电源，监视探测器及系统自身的工作状态，接收、转换、处理火灾探测器输出的报警信号，进行声光报警，指示报警的具体部位及时间，同时对自动消防设备设施等发出辅助控制信号。《火力发电厂与变电站设计防火标准》（GB 50229—2019）11.5.28 规定：在有人值班的变电站内，火灾报警控制器应设置在主控制室；无人值班的变电站的火灾报警控制器宜设置在变电站门厅或警卫室，并应将火警信号传至集控中心。

火灾报警控制器按连线方式，一般分为多线制、总线制、无线制。变电站内使用最多的是总线制报警控制器，如图8-2所示为总线制报警控制器示意。

8.2.2 火灾探测器

火灾探测器是指能够对火场参数（如烟、光、温、热辐射）响应并自动产生火灾报警信号的器件。火灾探测器分类方法较多，根据探测火灾特征参数分类，一般可以分为感烟、感温、感光、气体、复合五种基本类型；根据监视范围分类，可分为点型探测器和线型探测器两大类；此外，还可根据其是否能够复位以及是否可以拆卸进行分类。

变电站内一般安装有点型（光电）感烟探测器、线型光束感烟探测器、缆式线型感温探测器、复合型火焰探测器、点型感温探测器、红外感温探测器、吸气式感烟探测器、点型复合探测器等。

（1）点型（光电）感烟探测器。点型（光电）感烟探测器俗称感烟探头。探

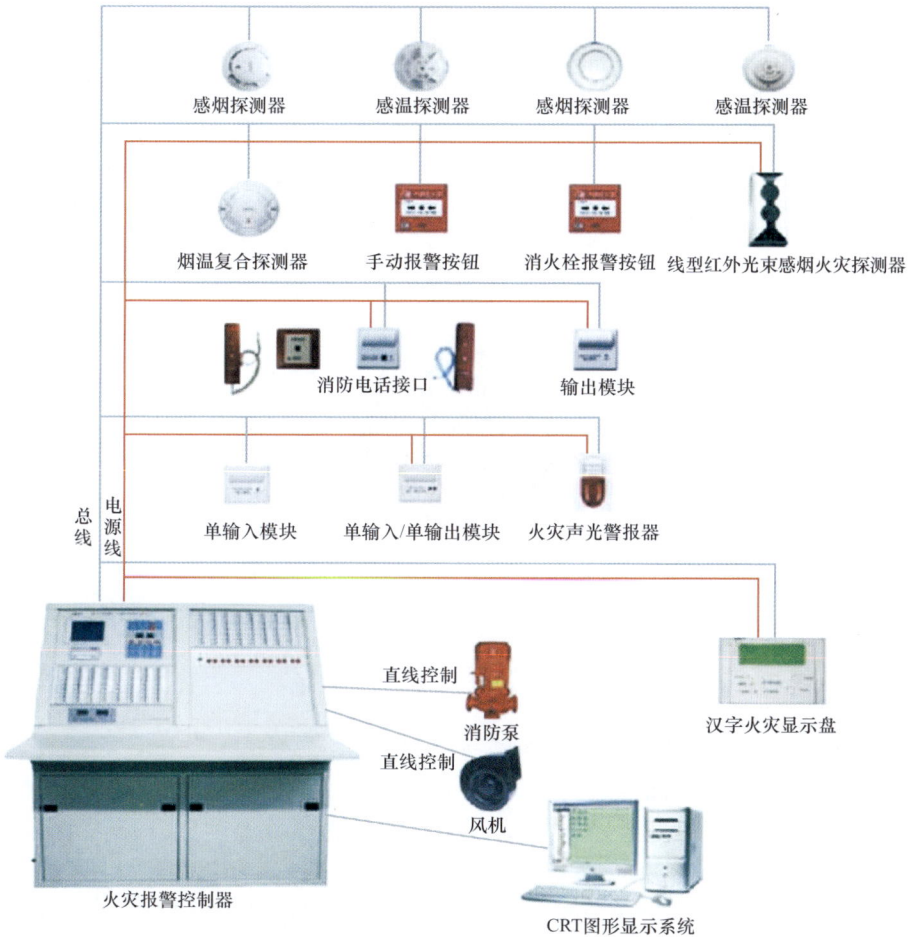

图 8-2 总线制报警控制器示意图

测器采用红外线散射原理探测火灾，在无烟状态下，只接收很弱的红外光；当有烟尘进入时，由于散射作用，使接收信号增强，当烟尘达到一定浓度时，探测器报火警。防爆光电感烟探测器多用于蓄电池室。点式感烟探测器如图 8-3 所示。

图 8-3 点式感烟探测器

（2）线型光束感烟探测器。线型光束感烟探测器俗称红外光束探头，分为反射型和对射型（见图 8-4）两种。探测器包含发射端和接收端两部分，发射端发射出一定强度的红外光束；接收端对返回的红外光束进行同步采集放大，并通过内置单片机对采集的信号进行分析判断。当烟雾达到一定浓度，接收部分接收到的红外光的强度低于预定的阈值时，探测器报火警。

发射器

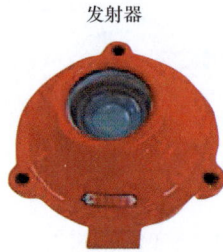

图 8-4　对射型光束感烟探测器

反射型光束感烟探测器，一侧安装探测器，另一侧安装反射器，根据两侧距离安装 1~4 块反射器。

（3）缆式线型感温火灾探测器。缆式线型感温火灾探测器俗称感温电缆。电缆内部有两根弹性钢丝，每根钢丝外面包有一层感温且绝缘的材料，在正常监视状态下，两根钢丝处于绝缘状态，当周边环境温度上升至预定动作温度时，温度敏感材料破裂，两根钢丝产生短路，探测器报火警。分为 68℃、85℃、105℃、138℃、180℃报警温度感温电缆。缆式线型感温火灾探测器如图 8-5 所示。

图 8-5　缆式线型感温火灾探测器

（4）混合型火焰探测器。混合型火焰探测器是用于响应火灾产生的光特性，即扩散火焰燃烧光照强度和火焰闪烁频率的一种火灾探测器。根据火焰的光特性，同时探测火焰中波长较短的紫外线和波长较长的红外线的混合探测器。混合型火焰探测器如图 8-6 所示。

图 8-6 混合型火焰探测器

（5）点型感温探测器。点型感温探测器俗称感温探头。物质在燃烧过程中释放大量的热，使环境温度升高，探测器中热敏电阻发生物理变化，从而将温度信号转变为电信号，探测器报火警。点型感温探测器如图 8-7 所示。

图 8-7 点型感温探测器

（6）红外感温探测器。红外感温探测器俗称红外测温探头。当红外感温探测到被监视区域温度达到设定值时，探测器报火警，安装于主变压器旁边的红外感温探测器设定值为 105℃。接线方式为红外感温探测器与信号二总线、电源线连接。

（7）吸气式感烟探测器。吸气式感烟探测器包括探测器和采样网管两部分；采样网管每隔几米钻有小孔，利用探测器主机内抽气泵所产生的吸力，连续将保护区内采集的空气或烟雾传送到探测器，经过系统分析，烟雾颗粒浓度超过设定值时，探测器报火警。

（8）常见火灾探测器的安装要求参照《火灾自动报警系统施工及验收标

准》（GB 50166—2019）进行设计，其中点型火灾探测器、线性光束感烟探测器、线性感温探测器分别参照《火灾自动报警系统施工及验收标准》（GB 50166—2019）3.6.6~3.3.8。具体的布置要求见表 8-1。

表 8-1　　　　　　　　　　常见火灾探测器的安装要求

点型感烟（感温）火灾探测器	（1）宽度小于 3m 的内走道顶棚上设置时，宜居中布置。 （2）感温型间距不应超过 10m；感烟型不应超过 15m；至端墙的距离不应大于探测器安装间距的 1/2。 （3）至墙壁、梁边的水平距离不应小于 0.5m；探测器周围 0.5m 内，不应有遮挡物。 （4）至空调送风口边的水平距离不应小于 1.5m；至多孔送风顶棚孔口的水平距离不应小于 0.5m。 （5）宜水平安装，确实需倾斜安装，倾斜角不应大于 45°。 （6）梁凸出顶棚的高度小于 200mm 时，可不计梁的影响。 （7）梁凸出顶棚的高度超过 600mm 时，被梁隔断的每个梁间区域应至少设置一只探测器，梁间净距小于 1m 时，可不计梁的影响。 （8）锯齿形屋顶和坡度大于 15° 的人字形屋顶，应在每个屋脊处设置一排探测器。 （9）房间被设备或隔断分隔，其顶部至顶棚或梁的距离小于房间净高的 5% 时，每个被隔开的部分应至少安装一只探测器
线性光束感烟探测器	（1）探测器的光束轴线至顶棚的垂直距离为 0.3~1.0m，距地高度不宜超过 20m。 （2）相邻两组探测器的水平距离不应大于 14m，探测器至侧墙水平距离不应大于 7m，且不应小于 0.5m，探测器的发射器和接收器之间的距离不宜超过 100m。 （3）探测器应设置在固定结构上。在钢结构建筑中，发射器和接收器（反射式探测器的探测器和反射板）可设置在钢架上，但应考虑位移影响。 （4）探测器的设置应保证其接收端（反射式探测器的探测器）避开日光和人工光源的直接照射。 （5）探测器应采用连续无接头方式安装，如确需中间接线，必须用专用接线盒连接
线性感温探测器	（1）在电缆桥架、变压器等设备上安装时，宜采用接触式布置。 （2）敷设在顶棚下方的线型感温火灾探测器，至顶棚距离直为 0.1m，探测器至墙壁距离直为 1~1.5m。 （3）探测器的保护半径应符合点型感温火灾探测器的保护半径要求

8.2.3　手动报警按钮

手动报警按钮是指现场人工确认火灾发生后，手动按下并产生火灾报警信号的触发器件，变电站内选用的均为带有电话插孔的报警按钮，如图 8-8 所示。

图 8-8　手动报警按钮

（1）手动报警按钮的安装间距每个防火分区应至少设置一只手动火灾报警按钮。从一个防火分区内的任何位置到最邻近的手动火灾报警按钮的步行距离不应大于 30m。

（2）变电站手动报警按钮一般设置在疏散通道或出入口处；按钮应设置在明显和便于操作的部位，当采用壁挂安装方式时，其底边距地高度为 1.3~1.5m，且应设置有明显的标志。

[《火灾自动报警系统设计规范》（GB 50116—2013）6.3.1、6.3.2]

8.2.4　消防区域显示器

消防区域显示器又称为火灾显示盘（见图 8-9），是含有火灾报警分区指示的装置。一旦报警器被触发或报警系统确认火灾发生，会立即在消防区域显示器上对应指示火灾区域及火警信息，以便救援人员快速定位火警区域。

（1）消防区域显示器宜按照报警区域，在每个报警分区内设置一台。变电站内主要配电装置楼或生产综合楼建筑一般会配置一台区域显示器，位置可设置于疏散通道或建筑出入口处，亦可设置于消防控制室内。

（2）区域显示器应设置在出入口处和便于操作的部位。当采用壁挂安装方式时，其底边距地高度为 1.3~1.5m。

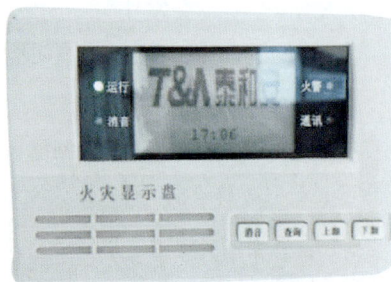

图 8-9　火灾显示盘

[《火灾自动报警系统设计规范》（GB 50116—2013）6.4.1、6.4.2]

8.2.5　声光报警器

声光报警器是用以发出区别于环境声光的报警信号的装置，用声光音响方式向报警区域发出火灾报警信号，警示人员采取安全疏散、灭火救灾措施。声光报警器如图 8-10 所示。

图 8-10　火灾声光报警器

声光报警器应设置在每个楼层的楼梯口、建筑内部拐角等明显部位，不宜与安全出口指示标志灯具设置在同一面墙上。每个报警区域内应均匀设置声光警报器，其声压级不应小于 60dB；在环境噪声大于 60dB 的场所，其声压级应高于背景噪声 15dB。声光警报器设置在墙上时，其底边距地面高度应大于 2.2m。

[《火灾自动报警系统设计规范》（GB 50116—2013）6.5.1~6.5.3]

8.2.6　消防应急广播和消防专用电话

消防应急广播和消防专用电话是火灾逃生疏散和灭火指挥的总要设备，如图 8-11 所示。

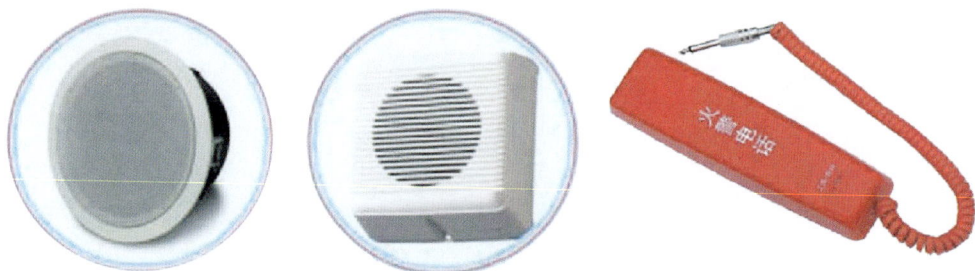

图 8-11　消防应急广播和消防专用电话

消防应急广播扬声器的额定功率不应小于 3W，其数量应能保证从一个防火分区内的任何部位到最近一个扬声器的直线距离不大于 25m，走道末端距最近的扬声器距离不大于 15m：在环墙噪声大于 60dB 的场所设置的扬声器，在其播放范围内最远点的播放声压级应高于背景噪声 15dB。

[《火灾自动报警系统设计规范》（ GB 50116—2013 ）6.6.1]

消防专用电话网络应为独立的消防通信系统；消防控制室内设置消防专用电话总机。站内多线制消防专用电话系统中的每个电话分机应与总机单独连接。消防泵房、站用电室、二次设备室、主控制通信室、防汛值班室、警卫室或与消防联动相关的有人值班的房间均应设置消防专用电话分机。同时，消防控制室内需设置可直接报警的外线电话。

[《火灾自动报警系统设计规范》（ GB 50116—2013 ）6.7.1、6.7.3、6.7.4、6.7.5]

8.2.7　消防模块

消防模块是消防动力控制系统的重要组成部分，分为输入模块、输出模块、输入输出模块、中继模块、隔离模块、切换模块等。

（1）输入模块。用于接收消防联动设备输入的常开或常闭开关量信号，并将联动信息传回火灾报警控制器（联动型）。主要用于配接现场各种主动型设备，如水流指示器、压力开关、位置开关、信号阀及能够送回开关信号的外部联动设备等。接线方式为输入模块与信号二总线连接。

（2）输出模块。用于火灾报警控制器向现场设备发出指令信号。一般用于控制无信号反馈的设备，如声光报警器、警铃、消防广播。接线方式为输出模块与信号二总线、电源线连接。

（3）输入输出模块。用于双动作消防联动设备的控制，同时可接收联动设备动作后的反馈信号。如可完成对二步降防火卷帘门、水泵、排烟风机等双动作设备的控制。接线方式为输入输出模块与信号二总线、电源线连接。输入输出模块如图 8-12 所示。

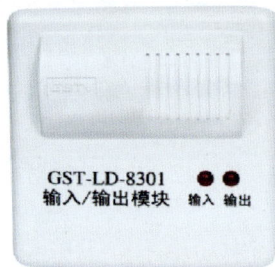

图 8-12　输入输出模块

（4）中继模块。控制器离现场较远，在信号远距离传输中，为加强信号起中转作用以及用来转接其他类型探测器等所加的装置为中继模块。

（5）隔离模块。用在传输总线上，各分支线短路时起隔离作用，能自动使短路部分两端呈高阻态或开路状态，使控制器不受损坏，且不影响总线上其他部件的正常工作，当这部分短路故障消除时，能自动恢复这部分回路的正常工作。

8.3　系统设计要点

8.3.1　火灾报警控制器容量设计

110kV 及以上电压等级变电站中选用的火灾报警控制器一般为联动型，即消防联动控制器集成在火灾报警控制器（屏柜）中。

《火灾自动报警系统设计规范》（GB 50116—2013）3.1.5 规定：火灾报警控制器（联动型）所控制的各类模块总数不应超过 1600 点，每一联动总线回路连接设备的总数不宜超过 100 点，且应留有不少于额定容量 10% 的余量。任一台火灾报警控制器（联动型）所连接的火灾探测器、手动报警按钮和模块等设备总数和地址总数不应超过 3200 点，其中每一总线回路连接设备的总数不宜超过 200 点，且应留有不少于额定容量 10% 的余量。

8.3.2 火灾探测器选择

应根据保护场所可能发生火灾的部位和对燃烧材料的分析，以及探测器的灵敏度和响应时间来选择合适的火灾探测器。根据《火力发电厂与变电站设计防火标准》（GB 50229—2019）11.5.26，变电站主要建（构）筑物和设备宜按表 8-2 的规定设置火灾自动报警系统。

表 8-2　　　　主要建（构）筑物和设备的火灾探测器类型

建筑物和设备	火灾探测器类型
控制室	点型感烟或吸气式感烟
通信机房	点型感烟或吸气式感烟
电缆层、电缆竖井和电缆隧道	缆式线型感温
二次设备室	点型感烟或吸气式感烟
电抗器室	红外光束感烟火灾探测器或点型感烟或吸气式感烟（如有含油设备，采用缆式线型感温）
电容器室	红外光束感烟火灾探测器或点型感烟或吸气式感烟（如有含油设备，采用缆式线型感温）
配电装置室	红外光束感烟火灾探测器或点型感烟或吸气式感烟
蓄电池室	防爆感烟和可燃气体
油浸式变压器（单台容量 125MVA 及以上）	缆式线型感温 + 缆式线型感温或缆式线型感温 + 火焰探测器组合（联动排油注氮宜与瓦斯报警、压力释压阀或跳闸动作组合）
油浸式变压器（无人值守变电站单台容量 125MVA 以下）	缆式线型感温或火焰探测器

［《火力发电厂与变电站设计防火标准》（GB 50229—2019）11.5.26］

8.3.3　火灾自动报警与消防联动系统设计要点

1. 系统设计

开展火灾报警系统设计时，应明确火灾报警系统的形式，明确火灾报警控制器（联动型）的安装位置，如站内设置消火栓，还应明确消火栓联动控制方式。

火灾自动报警系统的供电线路、消防联动控制线路应采用燃烧性能不低于 B2 级的耐火铜芯电线电缆，报警总线、消防应急广播和消防专用电话等传输线路应采用燃烧性能不低于 B2 级的铜芯电线电缆。

[《消防设施通用规范》（GB 55036—2022）12.0.16]

系统总线上应设置总线短路隔离器，每只总线短路隔离器保护的火灾探测器、手动火灾报警按钮和模块等消防设备的总数不应超过 32 点；总线穿越防火分区时，应在穿越处设置总线短路隔离器。

[《消防设施通用规范》（GB 55036—2022）12.0.4]

2. 主要消防设备联动逻辑

消防水泵、防烟和事故风机的控制设备，除应采用联动控制方式外，还应在消防控制室设置手动控制装置。需要火灾自动报警系统联动控制的消防设备，其联动触发信号应采用两个独立的报警触发装置报警信号的"与"逻辑组合。联动功能由站内智能辅助系统实现或在火灾自动报警系统内配置相应输入输出模块实现无编码设备控制功能。

[《消防设施通用规范》（GB 55036—2022）12.0.11]

消防联动控制器应能按设定的控制逻辑向各相关的受控设备发出联动控制信号，并接受相关设备的联动反馈信号。各受控设备接口的特性参数应与消防联动控制器发出的联动控制信号相匹配。

[《消防设施通用规范》（GB 55036—2022）12.0.11]

消防联动控制器的电压控制输出应采用直流 24V，其电源容量应满足受控消防设备同时启动且维持工作的控制容量要求，当供电线路电压降超过 5% 时，其直流 24V 电源应由现场提供。

[《火灾自动报警系统设计规范》（GB 50116—2013）4.1.2]

主变压器消防联动控制逻辑如图 8-13 所示。

火灾发生

声光警报装置 ← 火灾探测器1报警

声光警报装置 ← 火灾探测器2报警

人员发现
（必须确认主变压器各侧开关断路器已断电）

主变压器各侧开关断路器
分闸位置信号

现场启动按钮　　应急操作室启动　　泵房现场启动

火灾报警控制器（联动型）

状态信号反馈

手动启动

水喷雾灭火控制盘

延时（0～30s）

信号反馈

状态信号反馈

消防水泵控制柜

水力警铃报警

消防水泵接合器供水

机械应急开启（手动开启阀）
（必须确认主变压器各侧开关
断路器已断电）

雨淋报警阀 → 压力开关

直接启泵

管网压力下降

低于设定值

稳压设施启动

运行超过10s后，达不到设定值

系统管网压力开关

水泵直接启动

信号反馈

喷头持续喷水

确认灭火，关闭泵组，泄压

报警系统复位，关闭阀门

系统管网恢复

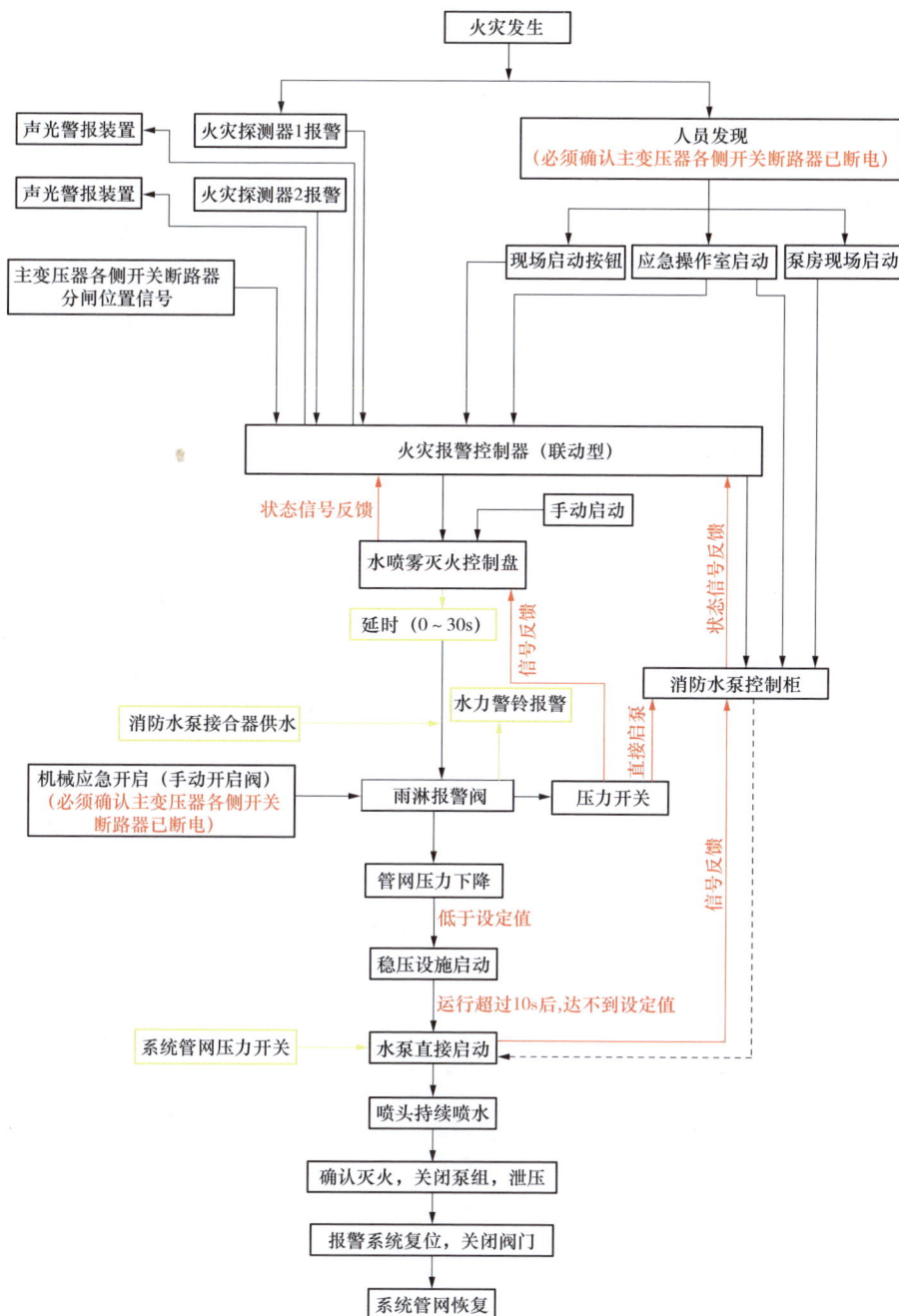

图 8-13　主变压器消防联动控制逻辑图

3. 声光警报器联动

火灾自动报警系统应在确认火灾后启动建筑内的所有火灾声光警报器。火灾声警报器设置带有语音提示功能时,应同时设置语音同步器。同一建筑内设置多个火灾声警报器时,火灾自动报警系统应能同时启动、停止所有火灾声警报器工作。

[《消防设施通用规范》(GB 55036—2022)12.0.5]

4. 消防应急广播联动

每个报警区域内应均匀设置消防应急广播,当火灾信息确认后开启广播功能,如果消防应急广播与普通广播或背景音乐广播合用,系统应具有强制切入消防应急广播的功能。

[《消防设施通用规范》(GB 55036—2022)12.0.9]

5. 消防控制室

消防控制室应能显示消防控制室内所有火灾报警信号和联动控制状态信号。消防控制室内设备与建筑其他弱电系统合用一间控制室,消防设备应集中设置,并与其他设备间有明显间隔。

[《火灾自动报警系统设计规范》(GB 50116—2013)3.4.8]

消防控制室内应保存有相应的竣工图纸、各分系统控制逻辑关系说明、设备使用说明书、系统操作规程、应急预案、值班制度、维护保养制度及值班记录等文件资料。

[《火灾自动报警系统设计规范》(GB 50116—2013)3.4.4]

6. 系统布线及模块安装

消防控制室内严禁穿过与消防设备无关的电气线路及管路;火灾自动报警系统单独布线,系统内不同电压等级、不同电流类别的线路不应布设在同一管内或线槽的同一孔槽内。当合用线槽时,线槽内应有隔板分隔。消防广播线路应独立穿导管和独立槽盒。

[《火灾自动报警系统设计规范》(GB 50116—2013)3.2.4,《消防设施通用规范》(GB 55036—2022)12.0.16,《民用建筑电气设计标准》(GB 51348—2019)表 26.1.7]

火灾报警系统传输线路均采用耐压不低于 300/500V 的铜芯线缆,其截面积不小于表 8-3 的规定。

表 8-3 火灾报警系统传输线路线缆要求

类别	穿管敷设的绝缘电线	槽盒内敷设的绝缘电线	多芯电缆
线芯的最小截面积（mm²）	1.00	0.75	0.50

火灾报警系统线路暗敷时，应穿金属管或 B1 级阻燃刚性塑料管保护，并敷设在厚度不小于 30mm 的不燃烧体结构层内；消防用电设备、消防联动控制、自动灭火控制、通信、应急照明及应急广播等线路暗敷设时，应采用穿金属管。采用穿管敷设时，除报警总线外，不同防火分区的线路不应穿入同一根管内。

[《火灾自动报警系统设计规范》(GB 50116—2013) 11.2.3、11.2.5]

各类消防模块宜相对集中并安装于金属模块箱内，模块严禁设置在配电（控制）柜（箱）内，本报警区域内的模块不应控制其他报警区域的设备，未集中设置的模块附近应设置不小于 100mm×100mm 的标识。

[《消防设施通用规范》(GB 55036—2022) 12.0.12，《火灾自动报警系统设计规范》(GB 50116—2013) 6.8.3、6.8.4]

8.4　站内其他火灾预警系统

8.4.1　可燃气体探测系统

（1）可燃气体探测报警系统是一个独立的子系统，属于火灾预警系统，应独立组成。可燃气体报警系统由可燃气体控制器、可燃气体探测器和火灾声光警报器等组成，可燃气体探测器不直接接入火灾报警控制器的探测器回路或报警总线，而是通过可燃气体控制器联动接入火灾自动报警系统。

[《消防设施通用规范》(GB 55036—2022) 12.0.13]

（2）可燃气体报警控制器的报警信息和故障信息，应在消防控制室图形显示装置上显示，且与火灾报警器火灾报警信息有区别。

[《火灾自动报警系统设计规范》(GB 50116—2013) 8.1.4]

（3）可燃气体探测器的设置位置应根据可燃气体种类、密度确定。探测器的报警设定值不应大于爆炸下限浓度值的 25%。可燃气体报警控制器在接收到报警信号后，应能联动开启事故风机。

8.4.2 电气火灾监控系统

电气火灾监控系统是一个独立的子系统，属于火灾预警系统，应独立组成。电气火灾监控探测器应接入电气火灾监控器，不应直接接入火灾报警控制器的探测器回路或报警总线。电气火灾监控探测器的设置不应影响所在场所供配电系统的正常工作。

[《消防设施通用规范》（GB 55036—2022）12.0.14]

电气火灾监控系统应具有下列功能：

（1）系统检测配电线路的剩余电流和温度，超过限值时报警。

（2）系统具备图形显示装置接入功能，实时传送监控信息，显示监控数值和报警部位，但其显示应与火灾报警信息有区别。

（3）存储各种故障和操作试验信号，信号存储时间不少于 12 个月。

（4）电气火灾监控主机应能显示上述报警信号及开关状态，并显示系统电源状态。

（5）监测各双电源切换开关主备电源的工作状态。对重要负荷的双电源切换开关实现遥信、遥测操作。

（6）系统预留上传通信接口，以方便数据共享。

8.4.3 消防电源监控系统

消防电源监控系统作为一个独立的火灾预警子系统，应具有下列功能：

（1）应能显示消防用电设备的供电电源和备用电源的工作状态和故障报警信息。

（2）应能将消防用电设备的供电电源和备用电源的工作状态及欠电压报警信息传输给消防控制室图形显示装置。

（3）消防电源监控系统主机安装在消防控制室内，采用 CAN 总线通信。现场传感器应采用不影响被监测电源回路的方式采集电压和电流信号及开关状态。

第**9**章

消防供配电、应急照明
及疏散指示系统

本章主要内容为变电站消防供配电以及应急照明及疏散指示系统设计要点。消防供配电设计部分包括消防电源、消防用电负荷以及消防用电设备供电方式三部分。应急照明及疏散指示系统设计部分从系统分类切入；然后分别介绍构成应急照明系统的各个子部件；进而阐述层面设计要点——包括灯具选择要求、不同场所照度要求以及相应线缆及保护要求等；最后，补充介绍了变电站的备用照明设计。

9.1 消防供配电

9.1.1 消防电源

消防电源是发生火灾时实施消防救援的必要条件。如消防电梯、消防水泵、应急照明、自动报警、防排烟、应急广播等，在扑救火灾中所需消防电源是火灾时供消防用电设备正常运行的专用电源，应满足火灾时连续供电的要求，不应中断。消防安全系统的供电，除设有常用电源（即正常工作电源）外，还应考虑设置正常电源因事故断电时的备用电源。在发生火灾情况下，为安全起见，可关闭与消防无关的其他电源，而消防电源必须保证。

1. 变电站站用电源

站用电源包括站用工作电源和站用备用电源，其中，工作电源是指为变电站内工作负荷长期供电的交流电源；备用电源是指当变电站内工作电源停电时，为变电站内工作负荷替代供电的交流电源。此外还有应急电源，是指在有限时间内供给停电可能影响人身或设备安全、使变电站输送电量大量下降负荷的交流电源。

35kV 变电站宜配置 2 回工作电源，互为备用。110（66）~220kV 变电站应配置 2 回工作电源，互为备用；对于 220kV 地下变电站及重要的 110kV 地下变电站，宜另行引接 1 回站外电源，为全站停电时的通风、消防等负荷供电。330~750kV 变电站应配置 2 回工作电源和 1 回备用电源。站外电源电压可采用 10~66kV，在可靠性满足要求前提下，宜优先采用较低电压等级。当 330kV 及以上变电站和其他重要变电站无法从站外引接可靠电源时，应配置应急电源，其容量应同时满足全站 I 类负荷和长时间停电会影响重要设备正常运行的 II 类负荷的用电要求。应急电源可采用柴油发电机、发电车或储能装置等方式，应能够快速启动、投入运行，与工作电源之间采取防止并列运行的措施。

（1）110（66）~220kV 变电站站用电源配置原则如下：

1）主变压器为 2 台及以上时，工作电源应从不同主变压器低压侧引接。

2）初期为 1 台主变压器时，1 回工作电源应从主变压器低压侧引接，另 1 回工作电源从站外可靠电源引接。

3）对于 220kV 地下变电站及重要的 110kV 地下变电站，宜另行从站外引接 1 回可靠电源，也可设置应急电源接口。

（2）330~750kV 变电站站用电源配置原则如下：

1）主变压器为 2 台（组）及以上时，工作电源应从不同主变压器低压侧引接，并从站外引接 1 回可靠备用电源。

2）初期为 1 台（组）主变压器时，1 回工作电源应从主变压器低压侧引接，另 1 回工作电源从站外可靠电源引接，终期需 3 回站用电源。

站用电源应采用一级降压方式，站用电低压系统标称电压采用 380/220V。站用电 380/220V 母线应采用按站用工作变压器划分的单母线分段接线，两段母线同时供电，分列运行。当任意一台站用工作变压器退出时，站用备用变压器应能自动快速切换至失电的工作母线段继续供电；未配置站用备用变压器时，另一台站用工作变压器宜手动接入失电的工作母线段继续供电。

2. 站用交直流一体化电源系统

变电站设有 1 套站用交直流一体化电源系统，该系统由站用交流电源、直流电源、交流不间断电源（UPS）、逆变电源（INV）（根据工程需要选用）、直流变换电源（DC/DC）等装置组成，并统一监视控制，共享直流电源的蓄电池组。

系统各电源一体化设计、一体化配置、一体化监控，其运行工况和信息数据能够上传至调控中心，实现就地和远方控制以及站用电源设备的系统联动。系统具有监视站用交流电源、直流电源、蓄电池组、交流不间断电源（UPS）、逆变电源（INV）、直流变换电源（DC/DC）等设备的运行参数的功能，能够监视交流电源进线开关、交流电源母线分段开关、直流电源交流进线开关、充电装置输出开关、蓄电池组输出保护电器、直流母线分段开关、交流不间断电源（逆变电源）输入开关、直流变换电源输入开关等的状态，并能对开关进行投切，可控制交流电源切换、充电装置充电方式转换。

9.1.2 消防用电负荷

《变电站站用电设计技术规程》（DL/T 5155—2016）将站用电负荷按照停电影响分为以下三类：

（1）Ⅰ类负荷。短时停电可能影响人身或设备安全，使生产运行停顿或主变压器减载的负荷。

（2）Ⅱ类负荷。允许短时停电，但停电时间过长，有可能影响正常生产运行的负荷。

（3）Ⅲ类负荷。长时间停电不会直接影响生产运行的负荷。

变电站主要用电负荷特性见表 9-1，从表中可以看出，与消防相关的负荷主要有变压器水喷雾装置（Ⅰ类）、火灾报警装置（Ⅰ类）、消防水泵（Ⅰ类）、水泵房的电加热（Ⅱ类）、事故通风（Ⅱ类）、应急照明（Ⅱ类）等。

表 9-1　　　　　　　　变电站主要用电负荷特性表

序号	名称	负荷类型	运行方式
1	变压器冷却装置	Ⅰ	经常、连续
2	变压器有载调压装置	Ⅱ	经常、断续
3	有载调压装置的带电滤油装置	Ⅱ	经常、连续
4	变压器水喷雾装置	Ⅰ	不经常、短时
5	配电装置的电机电源、操作电源	Ⅱ	经常、断续
6	配电装置区机构箱、端子箱、开关柜等的加热、通风、空调电源	Ⅱ	经常、连续
7	直流电源充电装置	Ⅱ	不经常、连续（均充） 经常、连续（浮充）
8	通信电源充电装置	Ⅱ	不经常、连续（均充） 经常、连续（浮充）
9	不间断电源（UPS）计算负荷（包括监控系统后台、电能量采集装置、调度数据网及二次安防装置、火灾自动报警装置电源）	Ⅰ	经常、连续
10	辅助控制系统	Ⅱ	经常、连续
11	含视频监控系统	Ⅱ	经常、连续
12	消防水泵	Ⅰ	不经常、连续（建筑消防） 不经常、短时（主变压器消防）
13	深井水泵或给水泵	Ⅱ	经常、短时
14	生活水泵	Ⅱ	经常、短时
15	雨水泵	Ⅱ	不经常、短时

序号	名称	负荷类型	运行方式
16	潜污泵	Ⅲ	不经常、短时
17	照明、空调、通风、除消防间外的电加热	Ⅲ	经常、连续
18	水泵房、泡沫小间的电加热	Ⅱ	经常、连续
19	检修电源、桁车、电动门等	Ⅲ	不经常、短时
20	事故通风	Ⅱ	不经常、连续
21	应急照明	Ⅱ	不经常、连续

注 "经常""不经常"用于区别该类负荷的使用机会，"连续""短时""断续"用于区别每次使用时间的长短。

经常：与正常生产过程有关的一般每天都使用的负荷。

不经常：正常情况下不用，只在检修、事故或特定情况下使用的负荷。

连续：每次连续带负荷运转 2h 以上。

短时：每次连续带负荷运转 2h 以内，10min 以上。

断续：每次使用从带负荷到空载或停止，周期性工作，每个工作周期不超过 10min。

9.1.3 消防用电设备的供电方式

消防用电设备应采用专用的供电回路，当发生火灾切断生产、生活用电时，仍应保证消防用电，其配电设备应设置明显标志，其配电线路宜按防火分区划分。对Ⅰ类和重要负荷应采用双电源供电方式，双电源切换开关应采用四极开关。消防用电设备采用双电源或双回路供电时，应在最末一级配电箱处自动切换。

1. 火灾自动报警系统供电

根据《火灾自动报警系统设计规范》（GB 50116—2013），火灾自动报警系统的供电应满足以下要求：

（1）火灾自动报警系统应设置交流电源和蓄电池备用电源。交流电源应采用消防电源，备用电源可采用火灾报警控制器和消防联动控制器自带的蓄电池电源或消防设备应急电源。当备用电源采用消防设备应急电源时，火灾报警控制器和消防联动控制器应采用单独的供电回路，并应保证在系统处于最大负载状态下不影响火灾报警控制器和消防联动控制器的正常工作。

（2）消防控制室图形显示装置、消防通信设备等的电源，宜由 UPS 电源装置或消防设备应急电源供电。消防设备应急电源输出功率应大于火灾自动报警及联动控制系统全负荷功率的120%，蓄电池组的容量应保证火灾自动报警及联动控制系统在火灾状态同时工作负荷条件下连续工作3h以上。

（3）火灾自动报警系统主电源不应设置剩余电流动作保护和过负荷保护装置。

（4）消防用电设备应采用专用的供电回路，其配电设备应设有明显标志。其配电线路和控制回路宜按防火分区划分。

2. 消防应急照明和疏散指示系统供电

根据《消防应急照明和疏散指示系统技术标准》（GB 51309—2018），消防应急照明和疏散指示系统的供电应满足以下要求：

（1）灯具的电源应由主电源和蓄电池电源组成，且蓄电池电源的供电方式分为集中电源供电方式和灯具自带蓄电池供电方式。当灯具采用集中电源供电时，灯具的主电源和蓄电池电源应由集中电源提供，灯具主电源和蓄电池电源在集中电源内部实现输出转换后应由同一配电回路为灯具供电；当灯具采用自带蓄电池供电时，灯具的主电源应通过应急照明配电箱一级分配电后为灯具供电，应急照明配电箱的主电源输出断开后，灯具应自动转入自带蓄电池供电。应急照明配电箱或集中电源的输入及输出回路中不应装设剩余电流动作保护器，输出回路严禁接入系统以外的开关装置、插座及其他负载。

（2）水平疏散区域灯具配电回路的设计应按防火分区、同一防火分区的楼层等为基本单元设置配电回路，不同的防火分区不能共用同一配电回路。防烟楼梯间前室及合用前室内设置的灯具应由前室所在楼层的配电回路供电。配电室、消防控制室、消防水泵房等发生火灾时仍需工作、值守的区域和相关疏散通道，应单独设置配电回路。竖向疏散区域灯具配电回路的设计：封闭楼梯间、防烟楼梯间、室外疏散楼梯应单独设置配电回路；敞开楼梯间内设置的灯具应由灯具所在楼层或就近楼层的配电回路供电。

（3）任一配电回路配接灯具的数量不宜超过60只，配接灯具的额定功率总和不应大于配电回路额定功率的80%，A型灯具配电回路的额定电流不应大于6A，B型灯具配电回路的额定电流不应大于10A。

（4）集中控制型系统中，应急照明配电箱应由消防电源的专用应急回路或所在防火分区、同一防火分区的楼层的消防电源配电箱供电；非集中控制型系统中，应急照明配电箱应由防火分区、同一防火分区的楼层的正常照明配电箱供电。

（5）集中控制型系统中，集中设置的集中电源应由消防电源的专用应急回路供电，分散设置的集中电源应由所在防火分区、同一防火分区楼层的消防电源配电箱供电；非集中控制型系统中，集中设置的集中电源应由正常照明线路供电，分散设置的集中电源应由所在防火分区、同一防火分区楼层的正常照明配电箱供电。

3. 消防水泵供电

变电站消防泵房设有双电源柜，统一为消防水泵、潜污泵、稳压泵、电动单轨吊等供电，双电源柜电源分别取自交直流一体化电源系统的Ⅰ、Ⅱ段交流母线，两段交流馈线柜内配置专用空开，保障双回路供电的独立性。

9.2　应急照明及疏散指示

应急照明是在正常状态下因正常照明电源的失效而启用的照明，或在火灾等紧急状态下按预设逻辑和时序而启用的照明。应急照明分为疏散照明、备用照明、安全照明。

（1）疏散照明。用于确保疏散通道被有效辨识和使用的应急照明，由疏散照明灯和疏散标志灯组成，疏散照明灯对疏散路径提供疏散所需照度条件，强调对疏散路径的照度要求；疏散标志灯标识安全出口、疏散出口、疏散方向、楼层等疏散信息，强调标志灯具表面亮度的要求，包括出口标志灯、方向标志灯、楼层标志灯和多信息复合标志灯。消防应急照明和疏散指系统是为人员疏散和发生火灾时仍需工作的场所提供照明和疏散指示的系统。按消防应急灯具的控制方式分为集中控制型系统和非集中控制型系统，设置消防控制室的场所应选择集中控制型系统，消防控制室所管辖范围内且设置火灾自动报警系统的建筑均应采用集中控制型系统。

（2）备用照明。用于确保正常活动继续或暂时继续进行而使用的应急照明。备用照明分为消防备用照明和重要场所非消防备用照明。消防备用照明是为保证避难间（层）及配电室、消防控制室、消防水泵房、自备发电机房等火灾时仍需工作、值守的区域等场所的正常活动、作业的应急照明，其照度应与正常照明的照度相同，并且应保证供电可靠性，消防备用照明可以与正常照明兼用相同的灯具。消防备用照明可采用主电源（市政电源）和备用电源切换后供电，非消防备用照明是对重要建筑物尤其是人员密集的高大空间、具有重要功能特定场所的照明系统提出的更高要求，要求除正常照明和消防应急照明外，设置一部分照明以确保正常照明失效后，能使正常活动继续或暂时继续进行。

（3）安全照明。用于确保处于潜在危险之中的人员安全的应急照明。如手术室、抢救室、游泳馆高台跳水区域、工业圆盘锯等场所。对于重要的民用和一般工业建筑物或人员密集场所，在非火灾状态下的备用照明和安全照明，在保证供电可靠性条件下，对使用的灯具没有特别要求，根据场所具体照度要求，可以采用正常照明的一部分或全部灯具。常规变电站无此需要。

9.2.1 系统分类

典型的应急照明及疏散指示系统划分主要有两个维度，第一个维度，按照是否设置应急照明控制器可以分为集中控制型和非集中控制型系统；第二个维度，按照是否设置集中电源可以分为集中电源型和非集中电源型。对于工业建筑，设置了消防控制室或火灾自动报警系统的场所一般推荐选择集中控制型系统。

由第 8 章可知，目前投产的大多数新建变电站的火灾报警系统均采用集中控制型应急照明及疏散指示系统（简称集中控制型系统）即设置消防控制室或应急操作间，因此本章仅针对集中控制型系统进行讨论。

集中控制型系统设置应急照明控制器，是由应急照明控制器集中控制并显示应急照明集中电源或应急照明配电箱及其配接的消防应急灯具工作状态的消防应急照明及疏散指示系统。

集中控制型系统如图 9-1 和图 9-2 所示。

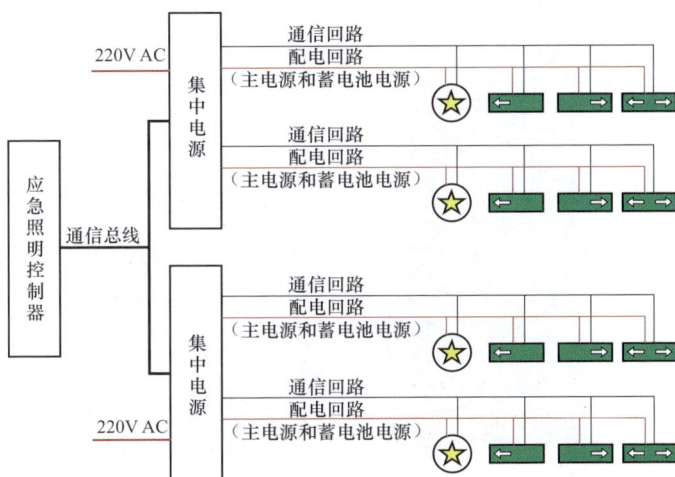

图 9-1　集中控制型系统（配置集中电源）示意图

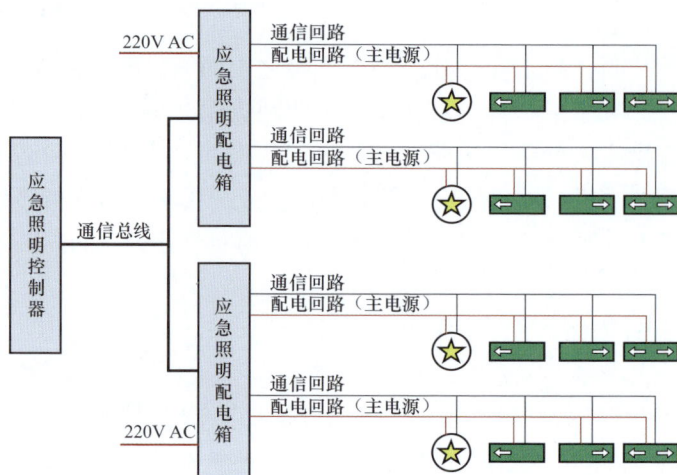

图 9-2　集中控制型系统（配置分散电源）示意图

9.2.2　系统子部件

1. 应急照明控制器

应急照明控制器是控制并显示集中控制型消防应急灯具、应急照明集中电源、应急照明配电箱及相关附件等工作状态的装置。应急照明控制器常见的安装方式分为挂壁式和落地屏柜式两种，一般设置于消防控制室或主控通信室内，方便人员操作，如图 9-3 所示。

图 9-3　应急照明控制器

2. 双电源自动切换装置

双电源自动切换装置（见图9-4），又称为双电源自动投切开关或双电源自动切换开关，是一种由微处理器或继电器控制，用于主回路电源与备用回路电源启动切换的装置，其作用是使电源连续供电。消防用电设备采用双电源或双回路供电时，应在最末一级配电箱处自动切换。

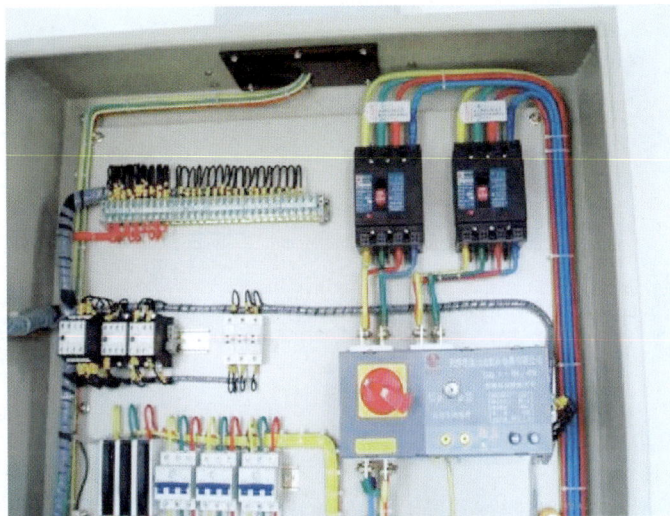

图9-4 双电源自动切换装置

[《火力发电厂与变电站设计防火标准》（GB 50229—2019）11.7.1]

除按照三级负荷供电的消防用电设备外，消防控制室、消防水泵房的消防用电设备及消防电梯等的供电，应在其配电线路的最末一级配电箱内设置自动切换装置。防烟和排烟风机房的消防用电设备的供电，应在其配电线路的最末一级配电箱内或所在防火分区的配电箱内设置自动切换装置。防火卷帘、电动排烟窗、消防潜污泵、消防应急照明和疏散指示标志等的供电，应在所在防火分区的配电箱内设置自动切换装置。

[《建筑防火通用规范》（GB 55037—2022）10.1.6]

3. 消防应急灯具

为人员疏散、消防作业提供照明和指示标志的各类灯具称为消防应急灯具，包括消防应急照明灯具和消防应急标志灯具。消防应急灯具必须配置蓄电池电源作为应急备用电源。

如图 9-5 所示，消防应急灯具按照用途分类，可以划分为消防应急照明灯具和消防应急标志灯具。前者的作用主要为工作场所提供照明；后者的作用主要是用图形文字等指示疏散方向，指示疏散安全出口等，辅助人员疏散、逃生，如图 9-6 所示。按照蓄电池电源供电方式分类，可以划分为集中电源型灯具和自带蓄电池型灯具，与系统是否配置集中电源相适配。按照电源电压等级分类，灯具电源额定工作电压不大于 36V DC 的灯具为 A 型灯具，灯具电源额定工作电压大于 36V AC 或 36V DC 的灯具为 B 型灯具。

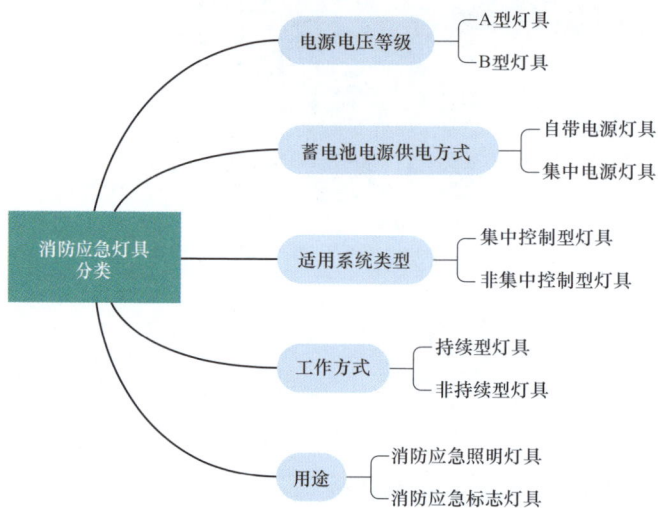

图 9-5　消防应急灯具分类

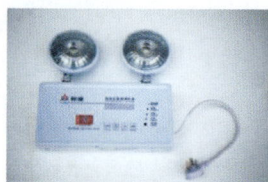

图 9-6　消防疏散应急灯具及指示牌

[《消防应急照明和疏散指示系统技术标准》（GB 51309—2018）2.0.3]

灯具的选型、选择应符合下列规定：

（1）应选择采用节能光源的灯具，消防应急照明灯具的光源色温不应低于 2700K。消防应急灯具安装在距地 8m 及以下时，应采用 A 型消防应急灯具。

（2）在顶棚、疏散路径上方设置的灯具的面板或灯罩不应采用玻璃材质。

（3）标志灯的规格应符合应符合《消防应急照明和疏散指示系统技术标准》（GB 51309—2018）3.2.1 的规定：

1）室内高度大于 4.5m 的场所，应选择特大型或大型标志灯；

2）室内高度为 3.5~4.5m 的场所，应选择大型或中型标志灯；

3）室内高度小于 3.5m 的场所，应选择中型或小型标志灯。

（4）灯具及其连接附件的防护等级应符合《消防应急照明和疏散指示系统

技术标准》（GB 51309—2018）3.2.1 的规定：

1）在室外或地面上设置时，防护等级不应低于 IP67；

2）在隧道场所、潮湿场所内设置时，防护等级不应低于 IP65；

3）B 型灯具的防护等级不应低于 IP34。

（5）标志灯应选择持续型灯具。

4. 疏散标志

方向标志灯的设置要求如下：

（1）有围护结构的疏散走道、楼梯应符合以下规定：

1）应设置在走道、楼梯两侧距地面、梯面高度 1m 以下的墙面、柱面上；

2）当安全出口或疏散门在疏散走道侧边时，应在疏散走道上方增设指向安全出口或疏散门的方向标志灯；

3）方向标志灯的标志面与疏散方向垂直时，灯具的设置间距不应大于20m，方向标志灯的标志面与疏散方向平行时，灯具的设置间距不应大于 10m。

（2）保持视觉连续的方向标志灯应符合下列规定：

1）应设置在疏散走道、疏散通道地面的中心位置；

2）灯具的设置间距不应大于 3m。

（3）方向标志灯箭头的指示方向应按照疏散指示方案指向疏散方向，并导向安全出口。

［《消防应急照明和疏散指示系统技术标准》（GB 51309—2018）3.2.9］

5. 应急照明集中电源

应急照明集中电源是由蓄电池储能，为集中电源型消防应急灯具供电的电源装置，如图 9-7 所示。变电站中使用的应急照明集中电源多为 A 型集中电源。

［《消防应急照明和疏散指示系统技术标准》（GB 51309—2018）2.0.8］

集中控制型系统中，集中设置的集中电源应由消防电源的专用应急回路供电，分散设置的集中电源应由所在防火分区、同一防火分区的楼层的消防电源配电箱供电。

6. 应急照明配电箱

应急照明配电箱是为自带蓄电池型消防应急灯具供电的配电装置，如图9-8 所示。

［《消防应急照明和疏散指示系统技术标准》（GB 51309—2018）2.0.6］

图 9-7　应急照明集中电源箱

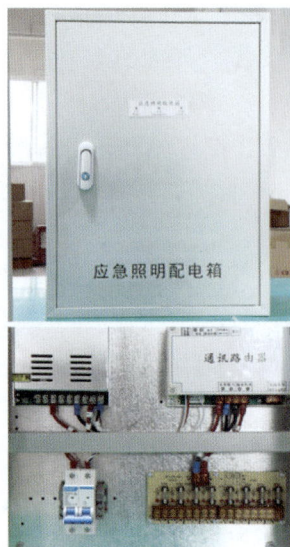

图 9-8　应急照明配电箱

应急照明配电箱应由消防电源的专用应急回路或所在防火分区、同一防火分区的楼层的消防电源配电箱供电；A 型应急照明配电箱的变压装置可设置在应急照明配电箱内或其附近。

[《消防应急照明和疏散指示系统技术标准》（GB 51309—2018）3.3.7]

变电站的应急照明系统，选择配置集中电源，还是选用自带电源的消防应急灯具，在实际工程中均有采用，且并无绝对的优劣之分。

9.2.3　系统设计要求

建筑照明功率密度应符合《建筑节能与可再生能源利用通用规范》（GB 55015—2021）表 3.3.7-12 的规定。当房间或场所的室形指数值等于或小于 1 时，其照明功率密度限值可增加，但增加值不应超过限值的 20%；当房间或场所的照度标准值提高或降低一级时，其照明功率密度限值应按比例提高或折减。

[《建筑节能与可再生能源利用通用规范》（GB 55015—2021）3.3.7]

1. 灯具选择

灯具应用场景如表 9-2 所示。

表 9-2 灯具应用场景

灯具	应用场景
投光灯	外壳防护等级不应低于《外壳防护等级（IP 代码）》（GB 4208—2017）规定的 IP54
远光灯	外壳防护等级不应低于《外壳防护等级（IP 代码）》（GB 4208—2017）规定的 IP67，且应符合其标称的防护等级；屋外配电装置
荧光灯	不停电电源室、电子计算机室、继电保护盘室、电子设备间、通信室、电缆半层、电缆隧道、变压器、电抗器、开关设备、出线小室、维护走廊、操作走廊、母线层、高低压厂用配电室、直流配电装置室、屋内高压配电装置
防爆型灯具	在有爆炸和火灾危险场所使用的灯具应符合现行国家标准《爆炸危险环境电力装置设计规范》（GB 50058—2014）中有关规定；蓄电池室
防水型灯具	潮湿场所应采用相应防护等级的防水灯具
A 型灯具	消防应急灯具安装在距地 8m 及以下时，应采用 A 型消防应急灯具；电源额定工作电压不大于 36V DC 的灯具
带护罩的灯具	在易受机械损伤、光源自行脱落可能造成人员伤害或财物损失的场所使用的灯具应有防护措施
密封式灯具	有腐蚀性气体和蒸汽的场所应采用耐腐蚀材料制成的密闭式灯具；若采用开启式灯具，各部分应具有防腐蚀防水措施
防尘型灯具	多尘埃场所应采用防护等级不低于 IP5X 的灯具
散热性能好、耐高温灯具	高温场所宜采用散热性能好、耐高温的灯具
防振和防脱落灯具	在装有锻锤、大型桥式吊车等振动、摆动较大场所使用的灯具应有防振和防脱落措施
块板灯	换流站阀厅、屋外配电装置

2. 照度要求

照明灯应采用多点、均匀布置方式，站内建、构筑物设置照明灯的部位或场所疏散路径地面水平最低照度应符合以下规定：

（1）疏散楼梯间、疏散楼梯间或站内消防专用通道，不应低于 10.0lx；

（2）疏散走道、人员密集的场所，不应低于 3.0lx；

（3）除上述规定场所外的其他场所，不应低于 1.0lx。

[《建筑防火通用规范》（GB 55037—2022）10.1.10]

消防控制室、消防水泵房、自备发电机房（如有）、配电室、防排烟机房（如有）以及发生火灾时仍需正常工作的消防设备房应设置备用照明，其作业面的最低照度不应低于正常照明的照度。

[《建筑防火通用规范》（GB 55037—2022）10.1.11]

3. 电源转换

灯具的供电与电源转换应符合以下规定：

（1）当灯具采用集中电源供电时，灯具的主电源和蓄电池电源均由集中电源提供，灯具主电源和蓄电池电源在集中电源内部实现输出转换后应由同一配电回路为灯具供电。

（2）当灯具采用自带蓄电池供电时，灯具的主电源应通过应急照明配电箱一级分配电后为灯具供电，应急照明配电箱的主电源输出断开后，灯具应自动转入自带蓄电池供电。

（3）应急照明配电箱或集中电源的输入及输出回路中不应装设剩余电流动作保护器，输出回路严禁接入系统以外的开关装置、插座及其他负载。

[《消防应急照明和疏散指示系统技术标准》（GB 51309—2018）3.3.1]

4. 灯具配电回路的设计

配电室、消防控制室、消防水泵房、自备发电机房等发生火灾时仍需工作、值守的区域和相关疏散通道，应单独设置配电回路。封闭楼梯间、防烟楼梯间、室外疏散楼梯应单独设置配电回路。

配接灯具的数量不宜超过 60 只，任一配电回路的额定功率、额定电流应符合以下要求：

（1）配接灯具的额定功率总和不应大于配电回路额定功率的 80%；

（2）A 型灯具配电回路的额定电流不应大于 6A；

（3）B 型灯具配电回路的额定电流不应大于 10A。

[《消防应急照明和疏散指示系统技术标准》（GB 51309—2018）3.3.5]

5. 输出回路的设计

应急照明配电箱的输出回路应符合以下规定：

（1）A 型应急照明配电箱的输出回路不应超过 8 路，B 型应急照明配电箱的输出回路不应超过 12 路。

（2）沿电气竖井垂直方向为不同楼层的灯具供电时，应急照明配电箱的每个输出回路在公共建筑中的供电范围不宜超过 8 层，在住宅建筑的供电范围不宜超过 18 层。

[《消防应急照明和疏散指示系统技术标准》（GB 51309—2018）3.3.7]

集中电源的输出回路应符合以下规定：

（1）集中电源的输出回路不应超过 8 路。

（2）沿电气竖井垂直方向为不同楼层的灯具供电时，集中电源的每个输出回路在公共建筑中的供电范围不宜超过 8 层，在住宅建筑的供电范围不宜超过 18 层。

[《消防应急照明和疏散指示系统技术标准》（GB 51309—2018）3.3.8]

正常照明配电箱是指为普通照明配电的配电箱，其电源为非消防电源，在火灾状态下应被切断。

消防应急照明和疏散指示系统中采用的蓄电池电源是在火灾条件下确保系统持续应急时间内的后备保障性电源，集中控制型系统中的消防电源是指为消防设备供电的市政电源或柴油发电机电源。

疏散照明及疏散指示标志灯具的供配电设计应符合以下规定：

（1）灯具应由主电源和蓄电池电源供电。蓄电池组正常情况下应保持充电状态，火灾情况下应保证蓄电池组的供电时间满足安全疏散要求。

（2）集中控制型系统，其主电源应由消防电源供电。

[《建筑电气与智能化通用规范》（GB 55024—2022）4.5.5]

6. 线缆要求

（1）A 型灯具配电线路除地面设置的灯具外，均采用铜芯耐火线缆，线路电压等级不低于交流 300/500V。

（2）B 型灯具配电线路均采用铜芯耐火线缆，线路电压等级不低于交流450/750V。

（3）地面设置的标志灯配电线路和通信线路均采用铜芯耐腐蚀橡胶线缆。

（4）集中控制型系统中，除地面设置的灯具外，其配电线路应选择耐火线缆，系统的通信线路应选择耐火线缆或耐火光纤。

（5）非集中控制型系统中，除地面设置的灯具外，灯具自带蓄电池供电时，系统的配电线路应选择阻燃或耐火线缆。灯具采用集中电源供电时，系统的配电线路应选择耐火线缆。

（6）消防应急照明和疏散指示系统电源线路和通信线路敷设集中控制型系统中，对于 A 型消防应急灯具，其电源线与控制线可以采用二总线，即电源线与控制线采用两根线。当电源线与控制线不采用二总线时，电源线与控制线采用不同线路，但可以共管敷设。

（7）对于集中控制型系统 B 型消防应急灯具，针对同一设备或同一联动系统设备的主回路和控制回路无电磁兼容要求，电压等级、线路绝缘等级及控制回路保护等均满足要求，应急照明集中电源或应急照明配电箱的电源线和通信线路，可共管敷设，否则应分管敷设。

［《消防应急照明和疏散指示系统技术标准》（GB 51309—2018）3.5.2~3.5.5］

7. 保护要求

建筑物应设置照明供配电系统，照明配电终端回路应设短路保护、过负荷保护和接地故障保护，室外照明配电终端回路还应设置剩余电流动作保护电器作为附加防护。

［《建筑电气与智能化通用规范》（GB 55024—2022）4.5.1］

当正常照明灯具安装高度在 2.5m 及以下，且灯具采用交流低压供电时，应设置剩余电流动作保护电器作为附加防护。疏散照明和疏散指示标志灯安装高度在 2.5m 及以下时，应采用安全特低电压供电。

［《建筑电气与智能化通用规范》（GB 55024—2022）4.5.4］

当采用剩余电流动作保护电器作为电击防护附加防护措施时，应符合下列规定：

（1）额定剩余电流动作值不应大于 30mA。

（2）额定电流不超过 32A 的下列回路应装设剩余电流动作保护电器：

1）供一般人员使用的电源插座回路；

2）室内移动电气设备；

3）人员可触及的室外电气设备。

（3）剩余电流动作保护电器不应作为唯一的保护措施。

（4）采用剩余电流动作保护电器时应装设保护接地导体（PE）。

［《建筑电气与智能化通用规范》（GB 55024—2022）4.6.5］

9.2.4 备用照明

备用照明是用于确保正常活动继续或暂时继续进行而使用的应急照明。备用照明分为消防备用照明和重要场所非消防备用照明。

消防备用照明是为保证配电室、消防控制室、消防水泵房、自备发电机房

（如有）等火灾时仍需工作、值守的区域等场所的正常活动、作业的应急照明，其照度应与正常照明的照度相同，并且应保证供电可靠性，消防备用照明可以与正常照明兼用相同的灯具。消防备用照明可采用主电源（市政电源）和备用电源切换后供电，备用电源可以是市政电源或柴油发电机组或蓄电池电源。

非消防备用照明是对重要建筑物尤其是人员密集的高大空间、具有重要功能特定场所的照明系统提出的更高要求，要求除正常照明和消防应急照明外，设置一部分照明以确保正常照明失效后，能使正常活动继续或暂时继续进行（变电站备用照明设计中并不多见）。

变电站的备用照明设计要注意两个方面：①备用照明的灯具和照度要求；②备用照明配备需求。

对于备用照明的灯具和照度要求，备用照明采用与常规照明相同的灯具即可，在火灾等特殊情况下，应保持与常规照明相同的照度。变电站备用照明可以单独配备一套灯具，正常照明时一般不投入使用，火灾等特殊情况下由UPS、蓄电池等消防专用应急电源供电，持续照明；也可以采用与常规照明合用一套灯具的设计方案，这种设计方案下，正常情况下，灯具由正常照明电源供电，火灾情况下，转由消防电源专用应急回路供电，电源互投转化由灯具前端配备的双电源切换装置完成。

对于备用照明配备要求，相关规程往往只笼统地交代为火灾情况下仍然需要人员作业、工作的场所需配备备用照明，并未详细说明变电站具体哪些房间需要设置。根据以往的设计经验，站内消防备用照明一般须在主控通信室、二次设备室、消防控制室、消防泵房、一体化电源室以及站用电室或站用变压器所在区域配备，且照明不得低于常规照明。因为火灾情况下，需要运维人员实地操作的往往只有二次设备室、主控通信室、消防泵房和消防控制室的控制屏柜，而后两者作为变电站所有设备的电源汇集分配点和源头，也存在实地检修和操作的需求。主变压器区域，配电装置及开关柜设备区域以及其他辅助功能用房，是否需配置非消防备用照明应经由设计单位与运行单位充分沟通，如有需要在火灾等特殊情况下作业的需求，也需要配置备用照明。